3小时读懂你身边的天文

[日]塚田健 著　翟亚蕾 译

北京时代华文书局

图书在版编目（CIP）数据

3小时读懂你身边的天文 /（日）塚田健著；翟亚蕾译 . — 北京：北京时代华文书局，2022.4

ISBN 978-7-5699-4622-2

Ⅰ . ① 3… Ⅱ . ① 塚… ② 翟… Ⅲ . ①天文学－普及读物 Ⅳ . ① P1-49

中国版本图书馆 CIP 数据核字（2022）第 076055 号

北京市版权局著作权合同登记号 图字：01-2021-4028

ZUKAI MIDIKANIAFURERU'TENMON · UCHU'GA3JIKANDEWAKARUHON
Copyright © 2020 Tsukada Ken
All rights reserved.
First published in Japan in 2020 by ASUKA Publishing Inc.
Simplified Chinese translation rights arranged with ASUKA Publishing Inc.
through CREEK & RIVER CO., LTD. and CREEK & RIVER SHANGHAI CO., Ltd

拼音书名 | 3 XIAOSHI DUDONG NI SHENBIAN DE TIANWEN

出 版 人 | 陈 涛
策划编辑 | 邢 楠
责任编辑 | 邢 楠
执行编辑 | 洪丹琦
装帧设计 | 孙丽莉
内文设计 | 段文辉
责任印制 | 刘 银 訾 敬

出版发行 | 北京时代华文书局 http://www.bjsdsj.com.cn
　　　　　北京市东城区安定门外大街 138 号皇城国际大厦 A 座 8 层
　　　　　邮编：100011　电话：010-64263661　64261528
印　　刷 | 三河市航远印刷有限公司　0316-3136836
　　　　　（如发现印装质量问题，请与印刷厂联系调换）
开　　本 | 880 mm×1230 mm 1/32　　印　张 | 9　字　数 | 229 千字
版　　次 | 2022 年 9 月第 1 版　　　　　印　次 | 2022 年 9 月第 1 次印刷
成品尺寸 | 145 mm×210 mm
定　　价 | 49.80 元

前言

大约 10 年前，我开始意识到人们对星空和宇宙的兴趣正日渐高涨。

"宇宙女孩""星星的品鉴师"等名词应运而生，天气预报节目也开始播报 10 年前尚无人关注的流星雨，现在只要一观测到火流星，各大媒体就会争相报道。即使在大城市的中心，天文爱好者们也会经常开展"星空晚会"来观测星星，其他与宇宙、星空相关的活动更是层出不穷。那些在 20 年前相继闭馆的天文馆，近年来每年参观人数也都在持续增长。

那么带来这些转变的契机是什么呢？

是 2010 年 6 月，成功将小行星碎片送到地球的"隼鸟号"小行星探测器的归来吗？还是 2012 年 7 月在日本大范围出现的日环食现象呢？或者说是 2019 年 4 月，人类首次成功拍摄并引起全球热议的"黑洞"照片？当然，这样的契机可能不止一个。

虽然喜爱星空的人越来越多，大众逐渐对天体的运行、宇宙的构成产生兴趣，但还是有不少人对"天文学""宇宙学"这两个词望而生畏。"感觉很难""不太明白"，我时不时会听到这样的声音。

确实，天文学是一门综合学科，如果缺乏一定的物理学和化学基础，有些部分就会很难理解。比如"直径是××万千米""××光年外的星系"等大量不明所以的数据，令人很难在头脑中产生相应的概念，这可能就是人们对天文学、宇宙学敬而远之的原因之一。但是，复杂与宏大正是宇宙真正的魅力，吸引着人们不断投身到天文学与宇宙学的研究中去。

　　本书内容涵盖广泛，从星座、历法、天文现象等"身边的"天文学，到天文学和宇宙的发展史，再到最新的天文学成果等均有涉猎。从人们对星星和宇宙最质朴的疑问开始，本书不但给出问题的答案，更尝试挖掘问题背后隐藏的本质。随着章节的推进，我们会不断接近更"遥远"的宇宙，还请各位读者从第一章开始按顺序阅读。

　　虽说大概地了解一下星空和天文现象也不错，但如果能在观察星星的亮度、颜色以及各种现象的同时，也去了解一下背后的科学成因，就能更加直观地感受自己和宇宙之间的联系。

　　希望本书能帮助大家和宇宙建立更为紧密的联系。

塚田健

目 录

第一章　仰望星空能看到的景色

第二章　我们最熟悉的天体——太阳和月球的世界

第三章　地球的兄弟们——太阳系的世界

第四章　夜空的主角——恒星的世界

第五章　遥远的宇宙——星系的世界

第六章 面向宇宙的挑战——天文学和空间开发

第一章

仰望星空能看到的景色

01 想看满天繁星有诀窍吗

大家最近看过星空吗？遥望晴朗的夜空，一定会看到满天繁星。当然，观星也是有诀窍的。现在，我们一起来看星星吧！

◎什么时间可以看到星星

如果问什么时间可以看到星星，大概很多人都会想：那还用说，当然是晚上了。但晚上就一定能看到星星吗？首先，如果不是晴天，是看不到星星的。现在有各种天气预报网站，在日本，我想推荐给大家的是"GPV天气预报"和"SCW"。这些网站会将日本气象厅的天气预测模型计算出的云量和降水量等预测值标示在地图上，方便我们提前查看云层分布预测情况，来挑选最佳的观星地点。在中国，可以使用"中央气象台"官方网站和天文爱好者常用的Meteoblue、Windy等气象软件。

不到天黑是看不到星星的，所以太阳何时落下、夜幕何时降临也是观星前必须掌握的信息。根据季节的不同，日出和日落的时间也会发生变化，即便太阳落山，天也不会立刻变暗。日本国家天文台历算室的主页会告诉我们日本任何地点日出和日落的时间，以及黄昏和黎明的时间。一般来说，黄昏到黎明之间，是天空亮度最适合观星的时间。

除非想要赏月，否则月光会影响我们观星。如果想欣赏满天繁星的美景，一定要选择没有月亮的夜晚。我们可以在前面提到的日本国家天文台历算室的主页上查到月升月落的时间。月亮的形状和它出现的时间有一定的联系，如果掌握了这一点，就能通过查看日历上月亮的形状，大概推测出月亮实际出没的时间，比如"今天后半夜月亮会落下""今天一整夜都能看到月亮"等。好不容易来到最佳观星地点，为了不让月亮打破计划，能好好观星，最好还是提前查询一下。

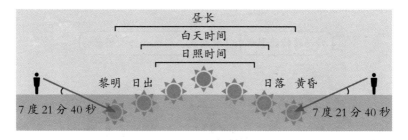

日出日落与黎明黄昏

◎ 哪里可以看到星星

星空平等地存在于每个人的上空，所以不论是在家中庭院、阳台，还是附近的公园，只要抬头仰望夜空（天晴的前提下），就都能看到星星。如果一定要说区别的话，那就是：根据观赏地点的不同，能看到的星星的数量会有差别。如果想观赏到更多的星星，那就有必要选择观赏地点。

首先，最重要的是夜空的亮度。如果在城市，天空即使在本该漆黑一片的时间段，看起来也不会那么黑，因为街边的路灯和家家户户窗户内透出的光会散到空中，使夜空变得明亮起来。散出的光会对周围产生不良影响，成为光污染。如果空气环境差，情况还会更糟。光污染不但使我们很难看到星星，还影响野生动物和农作物的生存，近年来逐渐发展为社会问题。所以，想要看到满天繁星，就要远离街道。即便不能出远门，也要选择路灯少、相对较暗的地方。但是，仅是想办法避开路灯的光就要走很远的路了。

光污染的影响

在天空比较暗、地势高又空旷的地方观星最好。视野开阔的地方能看到的星星数量多，也更方便观测星群和星座，能让我们更深刻地感受宇宙的宏大。不过也有只在低空处才能看到的天体和天文现象，所以最好找一个能看到地平线的地方。

◎用什么观星

其实观星不需要什么特殊工具，用大家的双眼就够了。平常一说到观星，大家可能马上就会想到望远镜，其实用肉眼观测就足以充分享受观星的乐趣，而且还有一些用肉眼反而更容易观测到的天文现象。当然，有的天体还是得用天文望远镜才看得到。对于有这种需求的人群，我推荐先购入双筒望远镜。因为它携带方便，使用简单，并且相对便宜。双筒望远镜和天文望远镜就像电动自行车和普通汽车，它们的适用范围不一样。所以，即便之后再购入天文望远镜，双筒望远镜也不会失去作用。

虽然不是直接用于观星，但是对整个观星过程来说，还有几个小工具能派上用场。例如指南针。寻找星星时，方位是一个关键因素。如果是在不熟悉的地方，我们非常容易迷失方向。指南针在普通商店里就能买到，出行的时候带一个会很方便。另外，手电筒也是必要工具。普通手电筒射出的光线亮度过高，所以最好准备一个灯头被红色玻璃纸蒙住的手电筒。近年来，红色LED灯也卖得很好。从佩戴方式上来选择，我比较推荐戴在额前或者挂在脖子上的类型，这样可以解放双手。请尽可能准备两个手电筒，一个普通手电筒和一个红光手电筒，不过现在有的手电筒可以切换两种光线。

此外，根据不同的季节和目的，还需要准备各种不同的工具。例如：夏季观星时要带上防虫喷雾；冬季观星时要带上暖身贴；如果想观测流星，最好再准备一条可以用来躺下的床单或垫子。

02 除了星星，夜空中还能看到什么

> 夜空中闪烁着数不尽的光点或淡淡的"光斑"，它们之中有一些行动迅速。你在夜空中能看到的，当然不仅仅是星星。那这些发光的东西究竟是什么呢？

◎光点的真面目是什么

仰望夜空，最先映入眼帘的一定是光点，也就是星星。根据天气状况，有时也会看到月亮。我们看到的大多数星星都是自身在发光，这样的星星叫作恒星①。通常我们说到星星，指的也就是恒星。恒星有亮的也有暗的，颜色也是各种各样。从字面意思理解，恒星就是"永恒的星"，古人认为恒星是永恒不动的。其实那些恒星看上去不动，是因为它们距离地球过于遥远，所以在短时间内看不出明显的位置变化。离地球最近的恒星是太阳，由于地球在自西向东自转，所以地球上的人看太阳就好像在自东向西运动一样，这就是太阳视运动。又由于地球绕着太阳公转，根据四季变化，我们看到的太阳的方位也会有所不同。

除此以外，还有一些光点在恒星之间徘徊，那就是行星。地球就是一颗行星，就像地球绕着太阳转，行星都是围绕恒星运行的天

---

① 与这一概念对应，宇宙中的自然物体统称为天体。

体。行星与恒星不同，自身不会发光，但是可以反射来自恒星的光，看上去就像会发光一样。

恒星不会均匀分布在宇宙空间内。有的恒星靠相互间的引力聚集成新的天体，叫作星团。

极少情况下，夜空中会出现新的光点。以前人们会考虑是诞生了新的恒星，将其命名为新星和超新星。现在人们已经清晰地认识到这是一种恒星爆发现象，并不是新的恒星诞生。所以这样的光点会越来越暗，直至再也观测不到。在中国和日本，新星和超新星也被称作客星，古代历史文献中也有记载。比较著名的是中国史书《宋史》中的记载："嘉祐元年三月辛未，司天监言：自至和元年五月，客星晨出东方，守天关，至是没。"（北宋仁宗统治时期的至和元年五月己丑就是 1054 年 7 月 4 日，天关星就是金牛座 ζ 星，客星就出现在这颗星旁边，直到两年后的嘉祐元年三月辛未，也就是 1056 年 4 月 5 日才消失不见。）北宋这一记录中的"客星"时至今日才被证实是超新星。在日本镰仓时代和歌诗人藤原定家的日记《明月记》中，也有同一客星的相关记录。

◎ 光斑究竟是什么

夜空中不仅有光点，还有模糊的云状光斑。由于它们是弥散的，所以不像恒星和行星一样能被清晰地观测到，而且亮度也比较微弱。这样的光斑可以分成几种类型。

首先，夜空中最宽阔、最明亮的光带被称作银河。利用天文望远镜、双筒望远镜观测，就会发现它由无数暗星（恒星）聚集而成。我们能看见的银河，就是由一大群恒星构成的巨大星系——银河系。在夏季的夜空中经常能观测到银河，在天蝎座和人马座周围最为明显。不过银河的光还是非常淡的，除非在天空漆黑的地方，否则无法观测到它的存在。

大部分光斑没有银河那么大的规模，很少能被肉眼观测到。在这些光斑中，也有能用天文望远镜、双筒望远镜观测到的恒星集合，也就是前面提到的星团。根据外观的不同，星团可以分为疏散星团和球状星团。疏散星团是由数百颗至数千颗不等的恒星形成的稀疏集合，没有特定的形状。球状星团是由成千上万颗甚至数十万颗恒星密集聚成的球状天体。以肉眼能观测到的星团为例，有鬼星团M44（疏散星团）、昴星团M45（疏散星团）、M13（球状星团）等。

那些用望远镜也观测不到星星集合的光斑，多是由飘散在宇宙中的氢气等较高浓度的气体聚集而成的天体，叫作星云。星云有很多种类型。比如星云中的气体被刚诞生的恒星的光线电离而发光形成的发射星云（又称HII区），由尘埃组成、反射附近恒星光线的反射星云，二者合称弥漫星云。而行星状星云，因为看起来像行星而得名，它们与恒星的一生密切相关。肉眼可以观测到的星云，比较典型的是猎户座大星云M42。

被看作星云的光斑，有一部分与银河系一样，是一大群恒星组成的星系。这些星系大多非常遥远，肉眼可见的只有很少一部分。过去我们没有把星云和星系区分开来，而是都称为星云，比如被称作仙女座大星云的就是仙女座星系M31。

◎在夜空中移动的光点

有些光点会在短时间内迅速而平稳地穿过夜空，但不同于一看到就消失的流星，它们一般可以在空中持续几分钟。虽然经常被错当成不明飞行物（UFO），但它们实际上是人造卫星。人造卫星通过反射太阳光来"发光",但反射的光很弱,如果天空太亮,我们就观测不到;而深夜时,太阳光又会被地球挡住,照射不到人造卫星,所以也观测不到。因此,只有当地球表面因受不到光照而变得昏暗,但人造卫星仍有一段时间能受到光照时,我们才能观测得到。也就是说,只有在日落后数小时以及日出前数小时内,我们才能看到"发光"的人造卫星。不过,因为地球同步卫星的运动轨迹位于很高的轨道,所以即便在深夜也能观测到。

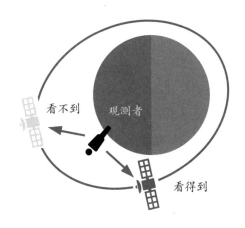

人造卫星可见的原理

在人造卫星中,最容易观测到的是国际空间站(ISS)。它是目前人类在太空中建造的最大空间平台,有时甚至比金星还要明亮,可以轻易观测到。至于明确的观测时间和观测地点,在日本,可以关注日本宇宙航空研究开发机构(JAXA)的官方主页上发布的信息;在中国,可以关注"Heavens-Above"网站。试着根据这些信息,来观测人造卫星吧。

另外,人造卫星和飞机不同,人造卫星不会闪烁。虽然它们会以相近的速度移动,但一闪一闪的是飞机,反之则是人造卫星。请根据这点来区分二者。

03 夜空中有多少个星座

仰望夜空，将无数闪耀的星星连起来看，就会呈现各种各样的形状。一起来看看迄今为止发现的星群和星座吧。

◎寻找星群

夜幕降临，仰望夜空，在我们头顶上空能看到数不尽的星星。将其中比较醒目的星星串联起来看，就会形成三角形、四边形等各种各样的形状。为了避免混淆，一般会用形状加上季节来为这些串联起来的星星命名，如"××大三角"等。它们也被称作星群，对寻找恒星和星座起到至关重要的作用。一般星群都是由明亮醒目的恒星组成，因此即便在大城市的夜空，也能轻易观测到下面我要介绍的这几种星群。

◎各季节的代表星群

在春季的夜空中，由著名的北斗七星的斗柄方向延伸，与牧夫座的大角星、室女座的角宿一构成春季大曲线，此二星加上狮子座的五帝座一构成春季大三角，再加上猎犬座的常陈一又构成春季大钻石。春季大三角和春季大钻石中还包含一些亮度比较低的恒星，因此观测时可能会有一点困难。

夏季夜空的高处会出现夏季大三角。它是由天琴座的织女星、天鹰座的牛郎星、天鹅座的天津四构成的大等腰三角形。人马座内部几颗亮星构成的星群因为状似茶壶，西方就将其称作茶壶星群。而在中国古代，为了与北斗七星相呼应，又把人马座的一部分恒星称作南斗六星。

虽然秋季夜空中的亮星比较少，但还是能看到由飞马座和仙女座的星星组成的秋季四边形。

冬季的夜空中，星星明亮而闪烁，不仅有由猎户座的参宿四、大犬座的天狼星及小犬座的南河三构成的冬季大三角，更有由大犬座的天狼星、小犬座的南河三、双子座的北河三、御夫座的五车二、金牛座的毕宿五和猎户座的参宿七共同组成的璀璨的冬季大钻石。

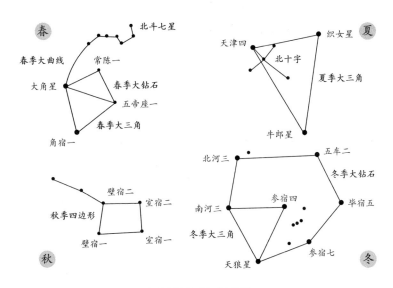

各季节的代表星群

◎夜空画卷中的星座

过去没有这么多路灯的时候，只要晚上天气晴朗，随时都能看到满天繁星。因此人们常常仰望星空，用假想的线条将主要的亮星连接起来，并根据形状分别以近似的动物、器物或神话人物来命名。这就是我们现在所说的星座。

不过，虽然星座都以动物、器物或神话人物命名，但并不是所有的星座名称都与自身的形态相符，也有不按照形状命名的星座。

比如说小犬座，主星只有两颗，这样怎么能表现出一条狗的形态呢？之所以如此命名，是因为它远远地看起来像与大犬座一同跟在象征猎人的猎户座身后的小狗。

在灯火通明的地方，想要将星座里的星星连起来，想象它们的姿态还是比较困难的。因此，在观测星座时，请一定要尽情发挥想象力，想象在头顶的夜空中存在着某种姿态的星座。

小犬座中最耀眼的星星"南河三"在希腊语中有"犬的前方"的意思，因比大犬座的天狼星更早出现而得名。

南河三

小犬座的星座图和星座线

◎自由地描绘吧

现有的星座有88个，由国际天文学联合会（IAU）明确规定各自在夜空中的范围，但也仅仅是规定了"夜空中这个范围是××座"而已，至于如何连接其中的星星、绘制什么样的图案都是个人的自由。

我们比较熟悉的天文馆使用的星图都是由以前的天文学家描绘而成，如拜尔（1572—1675）、弗拉姆斯蒂德（1642—1719）星图等。但你不必受限于现有的星图，可以更自由大胆地想象"狮子""蝎子"的形象。

星群也是一样。虽然夏季大三角和冬季大钻石等的固定形象已经被收入教科书中，但具体如何连接星星，让其形成怎样的形状都可以按照自己的想法来。比如冬天也许不再只有钻石，还可以把包含参宿四在内的星星按顺序连接，组成一个大大的日本平假名"の"，还可以组成一个大写英文字母"G"。

本节中没有介绍到的星群还有很多，在这里请大家以夜空为画布，尽情地描绘吧。

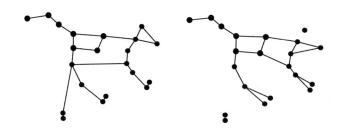

以如何连接大熊座的星星为例

04 星座在 5000 年前就有了

> 将星星连接起来的形状比作动物、器物和神话人物，创造星座的人是谁呢？是何时开始这么做的？星座又是如何一步步演变成今天的样子呢？

◎追溯星座起源

虽然无法准确地说出星座的起源，但可以大致推算出星座最早出现在距今数千年前的美索不达米亚和古埃及附近。

据说距今 5000 多年以前，在美索不达米亚建立王国的苏美尔人和阿卡德人将夜空中看到的星星称为"天上的羊"。公元前 12 世纪的界碑（表示土地边界的石碑）刻有神和怪物的形象，被认为是人马座和摩羯座的起源；在公元前 7 世纪新亚述帝国的记载中，得到官方认证的星座有 36 个（包括黄道 12 星座、北天 12 星座以及南天 12 星座），可以看作我们今天使用的星座形象的原型，而古埃及似乎也在同一时期创造了属于自己的星座文明。

美索不达米亚创造的星座经过地中海的海上交易，由腓尼基人传入古埃及和古希腊。在古埃及丹达拉的哈托尔神庙的天花板上，就刻有一座"丹达拉黄道带"浮雕（现藏于法国卢浮宫美术馆），可追溯至公元前 1 世纪。这座浮雕刻画了美索不达米亚的黄道 12 星座与古埃及自有的星座文化混杂在一起的场景。古希腊也在很早以前就接受了从美索不达米亚传入的星座文化，例如创作于公元前 8 世纪的荷马叙事诗《伊利亚特》和《奥德赛》中就已经有关于星座的叙述。现代流传的关于星座的希腊神话，大多基于公元前 3 世纪诗人阿拉托斯的诗集《天文学》中的描述。根据公元前 2 世纪喜帕恰斯（Hipparchus，公元前190？—公元前120？）绘制的星表，古罗马学者克罗狄斯·托勒密（90？—168）在他的著作《天文学大成》中汇总了 48 个星座，也就是所谓的"托勒密 48 星座"，除了后来被拆分的南船座之外，其余星座一直沿用至今。但是托勒密的著作中只有关于星座的文字叙述，没有配图。据说波斯天文学家苏菲（903—986）所著的《恒星之书》才是第一本用插图来说明星座与星星排列的天文学书籍。

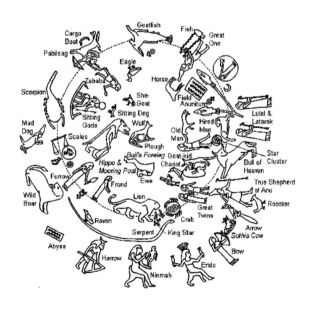

丹达拉黄道带中描绘的星座

◎杂乱排列的星座

"托勒密 48 星座"在很长一段时间内没有发生变化，一直被人们使用着。然而进入 15 世纪之后，大航海时代开启，欧洲人开始横渡海洋，进出南半球。于是，欧洲人与在欧洲大陆上看不到的星空相遇了。当然，当时那里还没有星座，所以首先需要创造新的星座。另外，随着望远镜的发明，天文观测变得更加精密化，人们在托勒密设定的星座之间又创造了新的星座。因为当时没有世界级别的天文学组织，各国天文学家都可以随心所欲地创造星座，所以常会出现一些星座的区域互相重叠的情况。

这一时期新创立的星座大体可以分为五类：

> ① 以南半球发现的珍贵生物为形象模型
> ② 以航海所需的工具为形象模型
> ③ 以当时新发明的机器和工具为形象模型
> ④ 以各自国家的国王和天文学家为形象模型
> ⑤ 其他

以第 ① 条为例，有拜尔创造的蝘蜓座与孔雀座；以第 ② 条为例，有法国天文学家拉卡伊（1713—1762）创造的圆规座与矩尺座；以第 ③ 条为例，有法国天文学家拉朗德（1732—1807）创造的热气球座；以第 ④ 条为例，有德国天文学家波得（1747—1826）创造的腓特烈荣誉座；以第 ⑤ 条为例，有英国植物学家希尔（1716—1775）创造的蛞蝓座，但其中多数星座已经被废弃。

◎现在的 88 星座

　　各种各样星座的创立，使不同星图绘制者采用的星座依据也不同，很容易发生混乱。当时还没有星座分界线这一概念，所以哪个天体属于哪个星座也是模棱两可的。

　　因此，IAU开始制定星座与星座分界线的标准，于 1928 年确定了现在的 88 星座。不过，IAU只定义了星座分界线和星座名称，并没有规定星座线的连接方式。另外，星座的大小根据分界线围成的星区面积来衡量，最大的星座是长蛇座，最小的星座是南十字座。

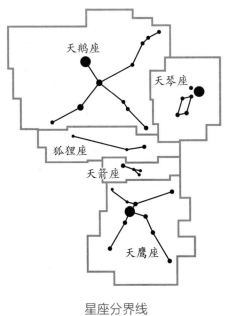

星座分界线

　　星座分界线被严格定义后，以往两个星座共有的星星现在只能属于一个星座。例如，构成秋季四边形的星星中，位于东北方向的

2 等星壁宿二，之前为飞马座与仙女座共有，现在只属于仙女座。

各星座除了有正式的拉丁文名称（学名）外，还可以用 3 个字母表示其简称。另外，星座的日文名称由日本学术会议讨论决定，基本用平假名或片假名来表示[①]。

星座的日文名称曾经过多次修改，因此当你翻阅日本古籍时，可能会发现很多不熟悉的星座名称。例如印第安座曾被称为"印度人座"，唧筒座曾被称作"排气器座"。

88 星座一览表

简称	星座名称	简称	星座名称
And	仙女座	Ori	猎户座
Mon	麒麟座	Pic	绘架座
Sgr	人马座	Cas	仙后座
Del	海豚座	Dor	剑鱼座
Ind	印第安座	Cnc	巨蟹座
Psc	双鱼座	Com	后发座
Lep	天兔座	Cha	蝘蜓座
Boo	牧夫座	Crv	乌鸦座
Hya	长蛇座	CrB	北冕座
Eri	波江座	Tuc	杜鹃座
Tau	金牛座	Aur	御夫座
CMa	大犬座	Cam	鹿豹座
Lup	豺狼座	Pav	孔雀座
UMa	大熊座	Cet	鲸鱼座
Vir	室女座	Cep	仙王座
Ari	白羊座	Cen	半人马座
		Mic	显微镜座

---

① 例如，人马座（Sagittarius）的日文名称是"いて座"（也写作射手座），简称是 Sgr。

（续表）

简称	星座名称
CMi	小犬座
Equ	小马座
Vul	狐狸座
UMi	小熊座
LMi	小狮座
Crt	巨爵座
Lyr	天琴座
Cir	圆规座
Ara	天坛座
Sco	天蝎座
Tri	三角座
Leo	狮子座
Nor	矩尺座
Sct	盾牌座
Cae	雕具座
Scl	玉夫座
Gru	天鹤座
Men	山案座
Lib	天秤座
Lac	蝎虎座
Hor	时钟座
Vol	飞鱼座
Pup	船尾座
Mus	苍蝇座
Cyg	天鹅座
Oct	南极座
Col	天鸽座
Aps	天燕座

简称	星座名称
Gem	双子座
Peg	飞马座
Ser	巨蛇座
Oph	蛇夫座
Her	武仙座
Per	英仙座
Vel	船帆座
Tel	望远镜座
Phe	凤凰座
Ant	唧筒座
Aqr	宝瓶座
Hyi	水蛇座
Cru	南十字座
PsA	南鱼座
CrA	南冕座
TrA	南三角座
Sge	天箭座
Cap	摩羯座
Lyn	天猫座
Pyx	罗盘座
Dra	天龙座
Car	船底座
CVn	猎犬座
Ret	网罟座
For	天炉座
Sex	六分仪座
Aql	天鹰座

05 生日星座是如何决定的

大家都知道自己的生日星座吗？历史上，古代天文学和占星学的关系密不可分。接下来就让我们走向占星学的舞台，探索黄道十二星座的秘密。

◎占星学的起源与黄道十二宫

自古以来，人们就意识到在夜空中闪耀的星星之间，有7个天体的运动是与众不同的，它们分别是太阳、月亮和五大行星（水星、金星、火星、木星、土星）。早在公元前20世纪的古巴比伦，人们就开始通过观察天象来预知地上的吉凶祸福。本以为天象只与国家和统治者有关，但随着天文学的发展，人们渐渐具备行星运行的相关知识，便开始根据太阳、月亮和行星在夜空中的位置关系来预测个人命运。在古希腊时期，根据预言对象出生时的天体位置绘制十二宫图（天宫图）用以占卜的占星学出现了，之后托勒密又将其体系化。当时表示天体位置所用到的概念就是黄道十二宫。

黄道十二宫就是将天球中太阳的运行轨迹——黄道按30度十二等分。以黄道和天球赤道的一个交点——春分点为起始点，太阳在黄道上依次经过白羊宫（白羊座）、金牛宫（金牛座）……不只太阳，月亮和行星也基本都沿着黄道的方向运行。

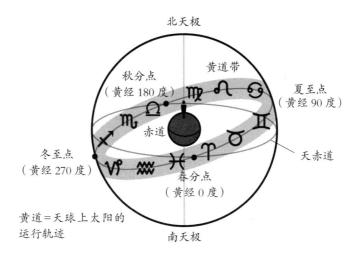

黄道与黄道十二宫

当我们说"我是××星座出生的"时，这个"××星座"又是如何决定的呢？这与太阳密切相关。你出生的那天，太阳所在的星座位置就表示你的生日星座，所以非常遗憾，在你生日当天是看不到自己的生日星座的，因为白天星座会躲在太阳背后。如果想观测自己的生日星座，请选择在生日前 3～4 个月内的某一天黄昏①观测。

◎黄道十二宫与黄道十二星座

现在杂志和电视上介绍的星座占卜用到的是狮子座、天蝎座等星座名称。但是实际占星术使用的是黄道十二宫，和黄道十二

---

① 比如说在 7 月 23 日—8 月 22 日出生的人是狮子座，比较容易观测到狮子座的时间则是 3 月—5 月。

星座有着本质上的区别。就像之前说的，黄道十二宫只是将黄道十二等分，和真正的星星无关；而现在说的星座是按区域划分的，大小不一。两者使用的名称也不同，例如：一个叫白羊宫，一个叫白羊座；一个叫金牛宫，一个叫金牛座等。

另外，现在大家的生日星座（黄道十二宫）与实际生日当天太阳所处的星座位置也是不同的。比如说在 7 月 23 日—8 月 22 日出生的人是狮子座，而实际上 2020 年太阳通过狮子座的时间是 8 月 10 日—9 月 15 日。这种时间偏差的原因是地球的岁差运动。岁差运动的原理：如同旋转的陀螺，地球以地轴为中心，按照一定的方向自转，其结果是黄道十二宫的起始点——春分点的位置会逐渐西移。这一周期是 2.6 万年左右。在占星学已成体系的古希腊、古罗马时期，春分点位于白羊座，人们以此为起始点定下了黄道十二宫，但随着时间的推移，现在的春分点已经在相邻的双鱼座了。在占星学中，黄道十二宫是根据实际的春分点为起始点来划分的，所以自然会与实际的星座产生偏差。

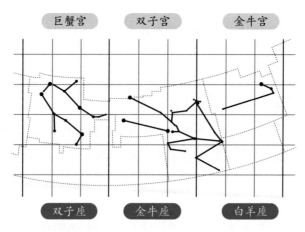

黄道十二宫和生日星座的位置偏差

◎被引入佛教的黄道十二宫

黄道十二宫往往给人一种属于西洋占星学的强烈印象。但事实上，占星学和天文学是江户时代才传入日本的，而黄道十二宫早在千年之前就通过佛教传入日本了。

平安时代初期，远渡中国唐朝学习佛教的空海（弘法大师）回国时随经书带回两种曼荼罗（曼荼罗是描绘佛教世界观的图画），分别是胎藏界曼荼罗和金刚界曼荼罗。其中胎藏界曼荼罗描绘了大量天体和佛尊的姿态，包含中国和印度的星座（中国是二十八星宿，印度是二十七星宿）、太阳、月亮、行星等，还有黄道十二宫。佛教是结合印度各种信仰而创立的，其创立过程中或许也吸收了从西方传来的天体知识。

胎藏界曼荼罗中描绘的黄道十二宫与西方的有所不同，名称上略有差异。例如：双子宫（双子座）被称作夫妻宫或男女宫，被视为男女组合；而室女宫（室女座）被称作双女宫，是两位女性的组合。有些寺院会公开展示这两种曼荼罗，有兴趣的读者请一定要去观赏一下。

06 有起源于日本的星星名称吗

在日本，我们听到的星星名称多是舶来词。那有日本独有的星星名称吗？让我们一起追溯日本人和星星的渊源吧。

◎从中国来的舶来品

自古以来，日本就从邻国——中国引进了各种各样的文物，还学到了很多东西，如稻作、文字（汉字）、佛教等。天文学也是其中之一，日本的历法就是从中国引进并投入使用的，因此星星的叫法也遵循中国的。例如《日本书纪》中的天武天皇十年（681年）九月癸丑日条目记载有"荧惑入月"的说法，这里的"荧惑"指的是火星，因为根据中国的阴阳五行说①，火星被称作"荧惑"。

与西方不同，中国形成了自己独立的星座体系。中国的星座叫作天官（或星官）。北天极是天的皇帝（天帝）的居所，周围有宫城与街道，天上的一切就是人间的映射，符合中国古代"天人合一"的文化传统。越是靠近北天极的星官，地位就越高，如有表示妃子、太子、皇帝近臣的星官，往外侧有表示官员和士兵的星

---

① 阴阳五行说是中国古代的世界观，为阴阳说与五行说结合的产物。阴阳说是利用阴阳作用来解释宇宙现象的二元学说。五行说则指宇宙因木、火、土、金、水5种元素的关系而发生变化的自然历史观。

官，再往外侧有表示平民百姓居住的街市的星官，最外侧甚至有表示厕所的星官。星官的数量会随着时代发生变化，司马迁的《史记》中记录有91个星官。除此以外，中国把天赤道附近的天区划分为28个星区，也就是二十八宿，主要应用于天文计算和占星。用"28"这个数字是因为月球公转的周期接近28天，差不多1天经过1宿。二十八宿说白了就是西方黄道十二宫的月亮版。

　　星官和二十八宿在7—8世纪传入日本，奈良县明日香村的龟虎古坟和高松冢古坟的石室天花板上至今还留存着用球形金箔来表示星星的天文图，这也是东亚地区现存的最古老的天文图。

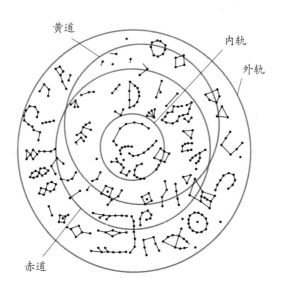

龟虎古坟石室中描绘的天文图

◎日本人创造的星座

从那以后，中国的星官，特别是二十八宿随着历法一起在日本民间流传开来。在引进西方星座之前，日本一直使用的都是中国星座。但到了江户时代的某一时期，日本人创立了自己的星座并在这一时期内投入使用。日本的星座由编制日本第一部自制历法的涩川春海（1639—1715）和他的儿子涩川昔尹（1683—1775）创立，他们后来都曾在江户幕府担任天文方一职。

涩川春海并不是完全从零开始创建星座，而是在星官之间补充新的星座。他创造的星座共计 61 个，大致可以分为两大类：一是针对日本社会制度创造的星座，二是由附近星官引申出的星座。以第一类举例，有表示日本律令制下的行政机构八省①的星座；还有表示设于九州的地方行政机关大宰府的星座。以第二类举例，在表示老人、儿子、孙子等的星官附近设置了表示曾孙、玄孙的星座；在织女星官附近设置了表示蚕（天蚕）的星座。

虽说涩川春海和涩川昔尹绘制的星图《天文成象图》在当时极具影响力，但到了江户时代后半期，更现代的星表《钦定仪象考成》从中国传入，他们的星图和星座就渐渐地不再被用了。

◎星星的日文名称

星はすばる。彦星。夕づつ。よばひ星、すこしをかし。尾だになからましかば、まいて。

这是平安时代清少纳言创作的随笔集《枕草子》中的一段，意为：说起星星，就要从昴星、牵牛星、金星和流星说起，但是流星的尾巴还是别被我们瞧见为好。这里一共涉及 4 个天体，日文原文

---

① 包括中务省、宫内省、大藏省、治部省、式部省、刑部省、民部省及兵部省，共 8 省。

中的"すばる"就是昴星团（古称"昴星""昴宿"）；"彦星"就是七夕的牵牛星，即天鹰座的牛郎星；"夕づつ"就是金星；"よばひ星"就是流星。由此可见，日本不只有外来的天体名，也有独有的日文天体名。10世纪中期，源顺（911—983）编纂的百科全书《和名类聚抄》中，对这几个天体的中文名和日文名有一些介绍。比如说到昴星，书中称"宿耀经云，昴星六星，火神也，音与卯同，和名须八流"，意思是二十八宿之一的昴宿是由6个星星聚集而成，日文名叫作"须八流"，"须八流"就是"すばる"。

另外，天体的日文名还与平民百姓的生活工具和日常生产活动（农业、渔业、商业）息息相关，日本很多地区都流传着不同的日文天体名。仅仅一个昴星团，除了叫须八流（すばる）之外，就有六连星、六地藏、群起星（むらがりぼし）、无序星（ごちゃごちゃ星）、毽子板星（はごいたぼし）等数量众多的日文名。代表冬天的星座猎户座在日本中也叫鼓星（つづみぼし），猎户座正中央的三颗星还有着御手洗星（みたらしぼし）、团子星（だんごぼし）等日文名。与西方的星座和中国的星官相比，日文名体现的生活气息更浓，表达更为直接明了。

猎户座的日文名之一"鼓星"

不只是排列在一起的星星有日文名，单独的星星也会有自己的日文名，比如位于北方天空、因基本不移动而闻名的小熊座的北极星，也被冠以子之星（子の星）、心星（しんぼし）、一颗星（ひとつ星）的名字；大犬座的天狼星也叫青星（あおぼし）、大星（おおぼし）；船底座的老人星也被称作横着星（おうちゃくぼし）、蜜柑星（みかんぼし）。恒星的日文名多是根据其呈现的颜色、位置和方向来决定的。

07 为什么日本的星期是以"行星"来命名的

在日本，说到"星期×"，说的是"×曜日"。为什么会用天体的名字来表示星期呢？星期的顺序又是如何规定的？下面就为大家说明"周"和"曜日"（星期）的概念以及与天体的关系。

◎7 天周期的诞生

以 7 天为 1 个周期（即 1 周），用七曜纪日的历法是从古巴比伦开始的。使用阴历的古巴比伦推算出新月、上弦月、满月、下弦月的形状变化周期为 7 天，所以把每月的 7 日、14 日、21 日、28 日定

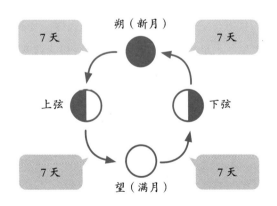

月盈月亏的周期

为休息日①。基督教对此是这么解释的,《旧约圣经》里称造世主用6天创造了世界（宇宙），而第7天则用来休息。

如今全世界几乎都在使用七曜纪日法，但在近代以前，很多国家都曾使用不同的纪日法。例如，古埃及把恒星出没的周期10天称为旬（decan），并以此作为时间单位来纪日；法国也曾分别在1793—1805年和1871年废除一直使用的七曜纪日法，转而使用将1个月用10天来划分的法国大革命历法（法国共和历）。日本现在用来表示星期的"曜日"一词，是平安时代初期遣唐使空海由中国传入日本国内的，但当时仅用于标示每日吉凶，像现在这样把"曜日"当作一个常用单位则是明治以后的事了。

◎曜日、天体、诸神

日语中表示星期的"曜日"前会加上日、月、火、水、木、金、土这7个"行星"的名字②。因为这7个天体非常显眼，而且与其他星星的运动方式全然不同，因此无论东西方都认为它们是特别的。中国古代五行学说中用来归类万物的五行"金木水火土"，就是金星、木星、水星、火星、土星这5颗行星。这就是放在"曜日"前的那个字与古典占星学的联系。

英语中，除了Sunday（太阳 the Sun）和Monday（月亮 the Moon）以外，其他几个表示"星期×"的单词看起来似乎和天体没有直接的关系，所以接下来我将为大家说明其中的缘由。

---

① 实际月盈月亏的周期为29.5天。
② 在古希腊和古罗马时期，太阳和月亮也属于"行星"。其他还有填星（土星）、岁星（木星）、辰星（水星）、太白（金星）、荧惑（火星）。

在西方，另外 5 个行星都是根据神的名字来命名的，例如火星"Mars"就是罗马神话中战神"Mars"的名字。起源于拉丁语的罗曼语族诸语言（法语、意大利语、西班牙语、葡萄牙语等），在表示"星期×"时用的也都是罗马诸神的名字，比如在意大利语中，星期二是"Marrtedi"，和火星"Mars"一样，也是从罗马神话的战神"Mars"转化而来的。英语属于日耳曼语族，用来表示"星期×"的神名就从罗马诸神改成了日耳曼人信仰的北欧诸神，比如英语中的星期二"Tuesday"就是从北欧神话的战神"Tyr"转化而来的。星期三、星期四、星期五也是如此，都来源于北欧神话的神名，不过星期六"Saturday"还是以罗马神话的农神"Saturnus"为基础命名。

◎曜日的顺序是如何决定的

曜日的顺序又是如何决定的呢？古罗马政治家卡西乌斯·迪奥（150—235）的《罗马史》中介绍了两种学说，都反映了那段时期主流的"天动说（地心说）"思维，按照当时认为的距离地球由远及近的顺序排列，就分别是土、木、火、日、金、水、月。

第一个是音乐说，像四度音阶（四和弦）一样，按照上面提到的顺序，重复排列 7 个"行星"（包括太阳和月亮），每 4 个摘出 1 个，就会得到曜日的顺序。把天体和音乐结合起来并非多么离谱的理论，古希腊数学家毕达哥拉斯认为"各行星运行时会发出人耳听不到的声音，整个宇宙在演奏一个大和弦"。

第二个是占星说。该学说认为天体是时间的主宰，7 个"行星"分别统治着每天的不同部分。1 天 24 小时，每小时对应 1 个"行星"，按照前面提到的顺序排列并循环，也就是说：1 点是

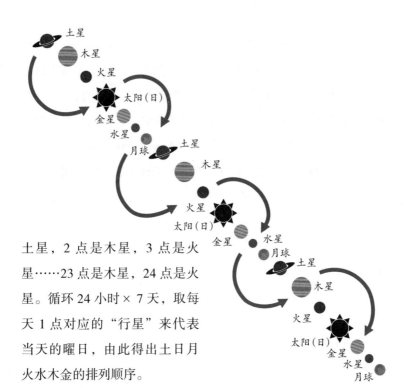

土星，2 点是木星，3 点是火星……23 点是木星，24 点是火星。循环 24 小时 × 7 天，取每天 1 点对应的"行星"来代表当天的曜日，由此得出土日月火水木金的排列顺序。

目前并不清楚哪一种说法是正确的，但正如我前面所

根据四度音阶决定曜日的顺序

说，1 周＝7 天的理论源自占星学。西方占星学中用来表示星占的单词"horoscope"的词根"horo"与英语中表示时间的"hour"同源。因此在我看来，占星说更为可靠。

那么 1 周的开始是什么曜日呢？从曜日的起源来看，无论是音乐说还是占星说，都认为是从距离地球最远的土星（土曜日，即星期六）开始的。但按国际标准化组织（ISO）的标准：月曜日为 1，火曜日为 2……日曜日为 7，因此现在用七曜纪日法的国家，都把月曜日当成 1 周的开始。日本工业标准（JIS）也是如此，但劳动标准法规定 1 周从星期日开始。

08　星星是如何命名的

　　天上的星星有各种各样的名字，我们时不时还会发现新的天体，那么要如何为之命名呢？接下来让我们看看各天体的命名方式吧。

◎星星有各种各样的名字

　　在夜空中闪烁的星星的名字，大家都知道几个？角宿一、织女星、心宿二、参宿四……都是肉眼能观测到的较为明亮的星星，这些星星都有自己的固有名称。固有名称大多源自阿拉伯语、希腊语和拉丁语，因为从很早之前就开始使用，所以只是出于习惯沿用了下来。IAU于2016年明确规定了各恒星的固有名称。截至2020年7月，拥有正式固有名称的恒星已经有449颗（太阳除外）。

　　有固有名称的恒星只是一部分。因此，人们也在思考更为系统的恒星命名方式。比如拜尔曾提出一种命名法，按照星星的明暗程度排序，分别用希腊字母 α 、β 、γ 、δ ……来为恒星命名，被称为"拜尔命名法"。天琴座的织女星是该星座中最为明亮的一颗星，即天琴座 α 星。但是"拜尔命名法"也有一些例外情况，很多星座的 α 星并不是最亮的那颗①。另外还有一种"弗拉姆斯蒂德命

---

① 例如双子座的北河二（1.6 等星）是 α 星，而北河三（1.2 等星）是 β 星。

名法"，自西开始按顺序用数字标注星座的每颗恒星①。

◎星表

　　无论是"拜尔命名法"，还是"弗拉姆斯蒂德命名法"，都无法涵盖整个天空的星星，有许多较暗的星星被遗漏了，没有自己的编号。因此，进入 20 世纪后，人们就开始编制一种能网罗所有恒星的星表。例如"亨利·德雷伯星表"，载有超过 22 万颗恒星的恒星位置、星等及光谱型。另外，还有用于特定目的的命名法和星表，如：收录近千颗距离地球较近的恒星的"格利泽近星星表"，收录变星的"变星总表"，还有将变星按字母表命名的"阿格兰德命名法"。距离地球仅 8.6 光年、位于大犬座的天狼星也被记录在"格利泽近星星表"中，编号GJ 244。呈深红色、位于天兔座的欣德深红星，光度变动的周期是 430 天，根据"阿格兰德命名法"，也被称作天兔座R（R Lep）。

　　星表中记录的不仅有恒星，还有星云、星团、星系等，其中最有名的当属法国天文学家梅西耶（1730—1817）编制的"梅西耶星表"。该星表为探索彗星而生，主要用于收集那些形似彗星的天体。还有汇总了更多星云、星团和星系的"星云和星团新总表"（NGC，全名为New General Catalogue），里面收录了 7840 个天体。也有以特定天体为对象的星表，例如以星团为记录对象的"梅洛特星团表"（Melotte Catalogue），专门收集疏散星团的"科林德星表"（Collinder Catalogue）等。其他还有收录能够从北半球看到

---

① 以"弗拉姆斯蒂德"来命名并非他本人的想法。该命名法独立于"拜尔命名法"，通常作为补充使用，因此很多星星都同时拥有两个名称，例如织女星也被称作天琴座的第 3 号星。

并满足一定条件的星系的星表"UGC星表",以及星系团表"阿贝尔星系团表"(Abell Catalogue)。

◎ 由发现者命名或以发现者的名字命名

虽然现在新发现的恒星、星云和星团很少,但是新发现的太阳系内小天体、太阳系外行星、新星和超新星等天文现象越来越多。对于这些新发现的天体,一般是机械地以"发现年份＋字母"这种形式来命名,但也有以发现者的名字来命名或赋予发现者命名权的情况。前者适用于彗星,后者适用于小行星。

人们一般用发现年份(公历)、发现月份以及表示发现顺序的字母来命名刚发现的彗星,但同时也可以为它冠以发现者的名字(按发现的先后顺序,最多取前三名)。

但是也有例外,比较有名的例子就是哈雷彗星。由于哈雷彗星自古就为人所知,发现者早已无从考究,因此以首先测定其轨道数据的英国天文学家哈雷的名字命名,是他发现该彗星围绕太阳公转的周期为76年左右。另外,发现者也不限于个人,例如:IRAS-荒贵-阿尔科克彗星(C/1983 H1)的"IRAS"指的是由美国、荷兰、英国合作发射的红外天文卫星;而数量众多的LINEAR彗星中的"LINEAR"则指的是由美国航空航天局(NASA)赞助,旨在发现近地小行星的林肯近地小行星研究小组(Lincoln Near-Earth Asteroid Research)。

如果是小行星,被发现后会首先用某个编号来表示(临时编号)。之后通过反复观测,确定其运行轨迹,再赋予其通用编号——小行星编号。发现者可以向IAU申请命名,获得认可后就可以为新发现的小行星命名了①。命名有一定的规则，比如名称不可与其他天体重复或有明显的相似，长度不可超过 16 个字符。

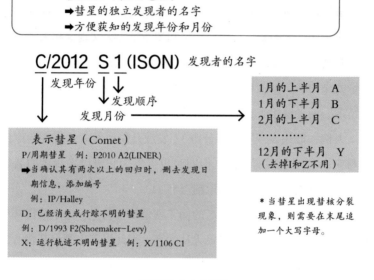

彗星的正式名称包括：
➡彗星的独立发现者的名字
➡方便获知的发现年份和月份

C/2012 S 1 (ISON) 发现者的名字

发现年份
发现顺序
发现月份

1月的上半月　A
1月的下半月　B
2月的上半月　C
…………
12月的下半月　Y
（去掉I和Z不用）

表示彗星（Comet）
P/周期彗星　例：P2010 A2(LINER)
➡当确认其有两次以上的回归时，删去发现日期信息，添加编号
　例：IP/Halley
D：已经消失或行踪不明的彗星
例：D/1993 F2(Shoemaker-Levy)
X：运行轨迹不明的彗星　例：X/1106 C1

＊当彗星出现彗核分裂现象，则需要在末尾追加一个大写字母。

彗星的命名规则

◎地形也有名字

太阳系的天体，特别是地球和火星等表面较为坚硬的天体通常会出现陨石坑和山（山脉）等地形。主要地形也有名字，地形的命名方法根据不同的天体各不相同。

比如水星的陨石坑是用艺术家的名字来命名的，有莫扎特、易

---

① 有很多特别的小行星名称，比如"章鱼烧"（小行星 6562）、"假面骑士"（小行星 12796）、"藤冈"（小行星 12408）、"全偶数"（小行星 24680）等。

卜生、高更、李白、世阿弥、吉田兼好、俵屋宗达等。

月球等卫星和小天体的地形也会被赋予名字。例如，小行星探测器"隼鸟2号"探测小行星"龙宫"的地形时就使用了与童话相关的名词，如桃太郎坑（陨石坑）、乙姬石块（岩石堆）、灰姑娘坑（陨石坑）等。

09 日食和月食是如何发生的

在无数的天文现象中，比较著名的当属日食和月食。这两种现象看起来简单，其实相当深奥。下面我会把日食、月食和其他"食"结合起来，向大家介绍它们的魅力与观察它们的方法。

◎月球遮住太阳——日食

日食即太阳、月球、地球三者按顺序排列成一条直线，月球的阴影正好落在地球上的现象。在月球的阴影范围内，太阳被月球遮住，月球也看不见了。根据太阳、月球和地球的排列可知，日食一定发生在朔日（朔日当天的月亮称为朔月，朔月又称新月）。但是每逢新月，我们一般都看不到日食，这是因为月球绕地球运行的轨道（白道）和地球绕太阳运行的轨道（黄道）并不在一个平面上。受到月球公转和地球自转的影响，根据观测日食地点的不同，日食开始的时间、结束的时间以及残缺程度（食分）也不同[①]。

日食包括太阳一部分被遮挡的日偏食；月球来到太阳的正前方，将太阳完全遮挡的日全食；月球来到太阳的正前方，但因月球看起来比太阳略小而使太阳未被完全遮挡，露出外围一圈光环的日

---

① 最好事先调查太阳什么时间开始出现残缺、什么时间残缺面积达到最大值。

环食。日全食和日环食之所以有所区别，是因为月球的轨道是一个椭圆形。也就是说，如果在月球距离地球很近时发生日食现象，会因为人们视觉上看到的月球比太阳略大，而变成日全食；如果在月球距离地球较远时发生日食现象，会因为人们视觉上看到的月球比太阳小，而变成日环食。

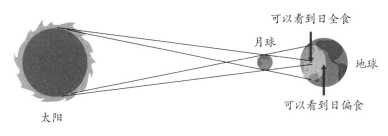

日食的原理

观察日食虽说看的是残缺的太阳，但也相当于在直视太阳，所以请通过佩戴日食眼镜或者利用小孔成像原理把日食投影到纸上等更为安全的方法观测。千万不要用肉眼直接观测，或透过墨镜的黑色镜片观测，更不能使用望远镜观测。

下次在日本看到日食会是什么时候呢？未来可以在日本大范围观测到日食的时间是 2030 年 6 月 1 日。到时候北海道大部分地区都可以观赏到日环食，其他地区可以观赏到日偏食。要想在日本境内看到日全食，要等到 2035 年 9 月 2 日。

◎地球遮住月球——月食

月食即太阳、地球、月球三者按顺序排列成一条直线，地球的阴影遮住月球的现象。月球通过反射太阳光才可见发亮，当它进入地球的阴影范围内，就会因为失去太阳光的照射而变暗，从而变得似乎看不见了。通过太阳、地球和月球的排列可知，月食一定发生在望日（望日当天的月亮称为望月，望月又称满月）。满月时一般看不到月食，与新月时一般看不到日食的原理相同。与日食不同的是，在地球任何处于黑夜、能看到月亮升起的地方，都可以看到月食。在日本，月食的开始时间和结束时间也是全国一致的。

月食包括月球部分或全部进入地球半影，月球看上去会比平时昏暗一些的半影月食；月球部分进入地球本影的月偏食；月球全部进入地球本影的月全食。听起来月全食是月球全部进入地球本影而变得完全看不到，其实不然，这时整个月亮会呈现暗淡的红铜色。这是因为太阳光经地球大气层折射后才会进入地球的阴影中，大气中的微粒会将蓝光散射掉，只将红光传递至月球，因此月全食时的月亮看起来是红铜色的（与夕阳看起来是红色的同理）。

下次在日本看到月食会是什么时候呢？未来可以在日本全境观测到月食的时间是 2022 年 11 月 8 日和 2025 年 9 月 8 日，都是月全食。

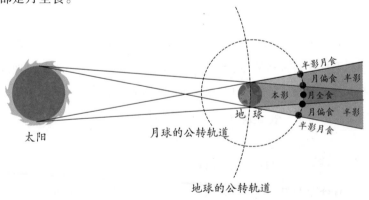

月食的原理

◎各种各样的"食"

天文现象中，除了日食和月食之外，还有其他"食"。

例如，月球遮挡行星的行星食（月掩行星）和月球遮挡恒星的恒星食（月掩恒星）。在恒星食中，1 等星的食、双星系统的食和星团的食最为有趣。全天 21 颗 1 等星之中，会出现星食的有轩辕十四（狮子座 α 星）、角宿一（室女座 α 星）、心宿二（天蝎座 α 星）、毕宿五（金牛座 α 星）这 4 颗。会出现星食的双星系统除了心宿二，还有东上相（室女座 γ 星）。星团食（月掩星团）中最醒目的是昴星团的食，组成星团的星星一个一个在夜空中隐身的景象非常值得一看。因为月有盈亏，行星食和恒星食发生时月亮的形状也各不相同，因此是从月光明亮的一侧隐身、昏暗的一侧出现，还是正好相反呢，由此观察的重点也会变得不一样。一般从月光较暗的一侧进入或出现会比较容易观测到。极少数情况下，行星也会掩食 1 等星，例如 2044 年 10 月 1 日会出现金星掩轩辕十四的现象。

与"食"相似的，还有内行星经过日面的现象，这是因为水星和金星正好经过太阳和地球之间，在地球上看，就像水星和金星的"影子"从太阳表面经过。下一次水星经过日面的时间是 2032 年 11 月 13 日，遗憾的是，这一现象发生时，日本正值日落。下一次金星经过日面要到 2117 年 12 月 10 日—11 日。

10 流星为什么会发光

> 只展示刹那光辉的流星虽说是我们熟悉的天文现象，但大众对它的原理还不是很了解。流星为什么会发光，又是从哪里来的？让我们一起探索流星的秘密吧。

◎流星发光的原理

流星并不是夜空中发光的星星发生流动。它原本是飘浮在宇宙中的尘埃，大小为 1 毫米至数厘米。尘埃以每秒数千米甚至数十千米的超快速度飞入地球大气层中，然后与构成大气的分子碰撞，沿前进方向压缩大气产生热量。高温下，构成大气分子和气化的尘埃的原子变成等离子态[1]并发光，这就是流星的真面目。也就是说，流星属于天文现象，但它是一种发生在地球大气层中的现象。流星在离地面 100~500 千米的高度时开始发光，在离地面 50~70 千米的高度时消失。

尘埃的速度越快，体积越大，流星看起来就越亮。特别明亮的流星也被称作火流星，IAU 将"比任何行星都亮的流星"定义为火流星[2]。那些特别明亮的火流星，其流星体比一般的尘埃要大，因此无法燃烧殆尽，而是作为陨石落下。另外，明亮的流星或火流星

---

[1] 原子分离成原子核和电子的状态。

[2] 看起来最亮的行星是金星。

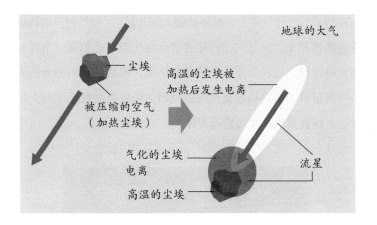

流星发光的原理

划过后，沿着它们的轨迹可以看到烟一样的东西，这叫作流星余迹，有的几秒就会消失，有的会持续发光数小时。通过观测流星余迹，可以调查高层大气的运动情况。

流星发生在数十千米至数百千米的高空，因此在地面上两个不同地点观察同一流星时会产生视差，以流星划过时背景里的星星为参照物，看起来像沿着两条不同的轨迹移动。如果同时在两个以上的地点观测并记录流星轨迹，就能弄清楚尘埃是如何从外太空来到地球的，同时也能获知释放出尘埃的母天体是谁。

◎流星的故乡

流星最初的尘埃从何而来呢？几乎所有的尘埃都来自彗星。被称作扫帚星的彗星是冰与尘埃混杂而成的天体，当它靠近太阳时，冰升华成气体喷出，在这一过程中会释放出大量的尘埃。释放出的尘埃会散布在彗星的公转轨道上，呈环状绕太阳公转①。如果彗星的轨道和地球的轨道相交，地球与尘埃尾迹就会在交点附近相遇，出现短时间内大量流星划过的景象，也就是流星雨。形成流星雨的大量流星体叫作流星群，而将构成流星雨的原始尘埃放出的彗星（极少数为小行星）则被视为流星雨的母天体。

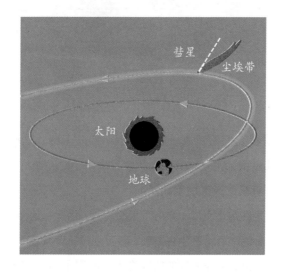

流星雨的原理

彗星在接近太阳时会尤为活跃地释放尘埃，因此最开始尘埃尾迹会环绕在彗星周围，随着时间推移逐渐扩展。因此在地球轨道和彗星轨道相交处，每年都可以在固定时间看到流星雨。但是经过非常漫长的岁月后，受到太阳光的压力，尘埃会扩散到行星

① 这种环状的尘埃叫作尘埃尾迹。

间的宇宙空间内，这时的尘埃就不能再形成流星雨了[①]。

流星雨中，有尘埃尾迹聚集在轨道某处，以数年至数十年为周期出现的狮子座流星雨；还有尘埃尾迹均匀分布在轨道上，且每年都能观测到的双子座流星雨等。另外，还有没有周期性且会在某年突然爆发的凤凰座流星雨。

◎一起来看流星雨

如果想在短时间内观测到大量流星，去看流星雨就好了。推荐大家关注每年都有大量流星出现的三大流星雨：象限仪座流星雨、英仙座流星雨、双子座流星雨。当然，流星雨也有比较容易观测到的年份和不怎么容易观测到的年份。在流星雨极大期，月亮是否高悬夜空，流星雨的极大时刻是否在夜晚，这些都是影响观测的决定性要素。因为流星中暗星相对较多，所以有月光时，能看到的流星会减少；而如果极大时刻恰好在白天，那么到了夜晚，能看到的流星也会减少。

虽然流星雨是以星座名称来命名的，但并不代表流星就一定会从该星座范围内划过。构成流星的尘埃平行落入地球，在地面上观测时，由于透视原理，流星看起来呈放射状运动。流星辐射而出的那一点叫辐射点，流星雨通常以辐射点所在的星座命名。虽然三大流星雨中有象限仪座流星雨，但该星座现已被弃用。

我们无法预测流星在何时何处出现，所以观测流星最好找视野比较开阔的地方，而且比起站在地面仰望夜空，还是躺着观测

---

① 不属于任何流星群的流星被称作偶发流星。

更舒服。

　　很多流星雨在黎明时流星更多，这是因为此时的晨昏线方向与地球公转方向相同，在地球迎着流星群运动的方向会看到更多流星。

11 日本的七夕和中秋是什么样的

自古以来，人们就对观星充满兴趣，而且对星星心存敬畏，还会对着星星祈祷。下面让我们一起了解与天文密切相关的活动与宗教仪式吧。

◎日本七夕

婚后耽于玩乐而疏忽工作的织女和牛郎，被罚分居银河两岸，只允许每年的农历七月初七晚上在横跨银河的鹊桥上相见，这就是源自中国的七夕的故事。织女是天琴座的织女星，牛郎是天鹰座的牛郎星，所以七夕是属于星星的节日。

日本的七夕起源于日本祭神仪式"棚机"、从中国传入的"乞巧"，还结合了牛郎织女相会的传说。"棚机"是日本古代的一种斋戒活动，被选中的少女（棚机津女）会将织好的和服供奉在织机上，向神祈祷来年的丰收，去除人们的病痛灾祸等。佛教传入日本后，为了迎接盂兰盆节，会在农历七月初七晚进行这一活动。日语中"七夕"不是直接音译为"shichiseki"，而是译为"棚机"的读法"tanabata"，就是受到这个活动的影响。

七夕乞巧是中国古代的传统习俗，每逢农历七月初七夜，穿着新衣的少女会向织女星乞求智巧。有关这个节日的传说在东汉之后的文献中多有记载①。乞巧习俗是奈良时代由中国唐朝传入日本的，到了平安时代成为宫廷贵族之间的活动。七夕真正在平民阶层流传开来是江户时代之后的事了，形式也逐渐演变成供奉蔬菜瓜果，将写着愿望的纸条挂到竹子上向星星祈祷。其实日本的七夕本来指的是农历的七月初七②，如果按照公历的 7 月 7 日，正值梅雨季中期，确实不是观星的好时机，所以按照农历的时间推后一个月，这样就不会影响观星活动。在很多日晒时间长、干旱的农村地区，人们会在七夕祈雨。基于阴阳历的七夕就是旧七夕，日本国家天文台将旧七夕定义为从最接近二十四节气中处暑的朔日那天（包含处暑当天）开始算起的第 7 天。

◎赏月与待月

月亮作为夜空中最醒目的天体，自古就受到日本人的喜爱。歌颂月亮的和歌和俳句不胜枚举，著名的《小仓百人一首》中更是有 12 首以月亮为主题的和歌。因此，日本一直以来就有赏月、待月的风俗。

日本赏月节日中最著名的当属中秋名月（即日本的中秋节）了。中秋指秋季（7—9 月）正中间的一天，在农历中指八月十五。因此，在日本，中秋节也被称作十五夜。农历本就是根据月相制定的历法，所以在十五夜可以观赏到满月前后近乎圆形的月亮。在这一天赏月的风俗最早是在平安时代前期自中国传入日本的，当时只在贵族间流行，直到江户时代才在平民间流传开来。一

---

① 与现在流传的七夕传说几乎相同，可以在南朝梁殷芸所著的《小说》中得到印证。

② 日本的七夕日期与中国不同，日本在明治维新后把七夕由农历的七月初七改为公历的 7 月
7 日。

般用来祭月的都是月见团子和芒草，有时也会用芋头或其他农作物，因此，在日本，中秋节的月亮也被称作芋名月。月见团子的形状和供品的种类能体现出日本不同地方的特色。在一些地区，甚至会有小孩在中秋节去邻居家偷月见团子的风俗（大人默许）。

在日本赏月不仅限于农历八月十五，还可以在农历九月十三赏月，这一天被称为后月或十三夜。另外，只在十五夜或十三夜中的某一天赏月叫作片见月或片月见，有些地区会忌讳。这是江户时代为了让游客再次光临而流传下来的一种习俗。

新月到满月之间的月亮可以在傍晚时观测到，但满月之后的月亮出现得比较晚，下弦月要深夜才会现身。因此人们聚集在一起，一边念经诵佛、饮酒玩乐，一边等待月亮的出现，这一活动被称作待月。比较有代表性的是二十三夜待、十九夜待、二十二夜待和二十六夜待等。待月活动在明治时代之后被迅速废弃，现在基本不会有人举办了。

人们虽然欣赏月亮、爱慕月亮，并为此举办隆重的仪式，但同时也对月亮心存忌惮。例如平安时代的《竹取物语》中曾记载："初春时节，辉夜姬常常看着月亮陷入忧虑。有人曾说'注视月亮的脸是大忌'，人们一旦注视月亮，就会止不住哭泣。"而在《竹取物语》100年后现世的紫式部著作《源氏物语》中也有这样的记载："现在进来吧，看到月亮是大忌。"这种思考方式随着时代的变迁逐渐消失了①。现在月亮多被当作美好事物的代

---

① 歌颂月亮的诗歌也随着时代的变迁不断增加，平安时代中期的《古今和歌集》中只有不到3%的篇幅是歌颂月亮的；但到了镰仓时代前期，《新古今和歌集》中已经有15%是歌颂月亮的诗歌。

表，被广泛用在"风花雪月""春花秋月"等表达优美意境的词语中。

◎祭星

自古以来，太阳、月亮以及明亮耀眼的星星就被尊为神明，出现在世界各地的神话中。一些存在感比较强的恒星和其他星星经常被神化和崇拜。比如在密宗佛教中，一个人的出生年份的天干地支，决定着他是由北斗七星中的哪一颗星掌管着命运。左右每年命运的星星被称作值年星，分为九曜，指金、木、水、火、土、太阳（羲和）、太阴（望舒）、计都和罗睺。通过供奉这些星星以消除个人灾祸的仪式叫作祭星（星供）。

在中国，北天极是天帝的居所，被视为神圣之地。在道教的理论中，天帝是创世神，也是神职最高的神。另外，人们也非常重视围绕北天极运行的北斗七星，认为它们主宰着季节和时间，是掌管人类寿命的神明。日本佛教深受道教思想的影响，将北天极附近的星星尊称为妙见菩萨。或许，人们是希望在永恒不变的天堂和规律移动的星星中获得幸福与安宁吧。

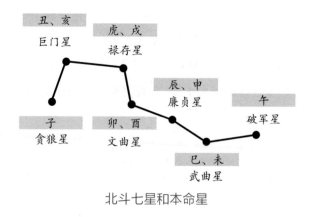

北斗七星和本命星

12 为什么治国必须进行天文观测

> 天文观测不仅是为了享受仰望星星的乐趣，还是为了留下定量观测的记录。虽说现代天文观测的目的是揭示宇宙的外观与起源，但最初还是出于政治方面的原因。

◎根据天体运动掌握时间

自人类进入农耕文明开始，为了安定的农业生产，就必须掌握季节的变化，知道 1 年的正确天数。要知道这些，就要利用天体的运动。例如古埃及人通过观察日出前大犬座天狼星的升起，就能知道尼罗河将进入泛滥期（雨季）。

为了感知时间和季节的变化，人们利用最多的还是太阳。本来日语中"暦（koyomi）"这个字就是由表示读取太阳位置和运动的词"日読み（kayomi）"音变而来。人们通过测量影子的长度，不仅能知道时刻，还可以计算出" 1 年"这一周期。所以人们把根据太阳运动规律创造的历法称为阳历。1 年的长度是 365.2422……天，是一个除不尽的数。如果将 1 年看作 365 天，每 4 年会多出来 1 天。因此，为了纠正日期与季节的偏差，古罗马时期人们提出了以 365 天为 1 年，每 4 年插入 1 个闰年（1 年有 366 天）的历法。该历法被称作儒略历①。但是即便采用儒略历，每经过 1000 年还是会发生 1 周以上的偏差。这时人们开始使用格里历②（即公历）。格里历在 4 的倍数时插入闰年，100 的倍数时则不插入，然后在 400 的倍数时再次插入。这样一来，即便过去 3000 年，日期与季节间的偏差也不足 1 天。现在格里历在世界范围内被广泛使用③。

和太阳一样被用来制作日历的还有月亮。月亮的形状会根据看到它的时间、方向发生变化，因此可以用来感受日期的变化。月圆月缺的周期为 29.5 天，所以按照 1 个月 29 天或者 30 天来计算，则 1 年有 354 天，比根据太阳运动求得的 365 天的周期还少 11 天。因此人们创造了阴阳历（农历就是阴阳历的一种），通过插入闰月来解决这一问题。自古以来，世界各地使用的大多都是阴阳历，日本也曾使用过。只考虑月亮圆缺的历法是阴历，例如伊斯兰各国使用的希吉来历（现在大多数伊斯兰国家会同时使用希吉来历和格里历）。

◎天变是向统治者发出的信号

在不懂天体运行和天文现象的原理的古代，人们通常会把个人运势、国家前途与之相结合。统治者为统治国家，必须进行天文观测。

在深受中国思想影响的日本古代，统治者对"天帝"深信不

---

① 由古罗马政治家儒略·恺撒推行，因此以他的名字命名。
② 由罗马教皇格里高利十三世推行，因此以他的名字命名。
③ 明治五年（1872 年），格里历传入日本。

疑。意思是说，人间所有的事物都由"天"来支配，皇帝（在日本为天皇）是由天的支配者天帝派来管理人间的人（天子）。然后天通过天文现象的形式向皇帝传达信息，判定皇帝施政的好坏，决定是否降下天灾。也就是说，皇帝需要日夜观察天象，从天象的异变中读取天的意图并将其反映到政治上。在日本律令制度下，中务省阴阳寮下属的天文博士要负责进行天文观测，发现天空异变则必须密报天皇。

天文现象大多是凶兆，皇帝有时还会因此改换年号。例如日本从永延改号永祚（989 年），从天养改号久安（1145 年），都是由于哈雷彗星的出现。

根据天文观测的结果创建历法再教授给人民，对统治者来说也是一件大事。皇帝仔细观察天的动向进行"天时民授"①也是在向百姓宣告自己正当的统治者地位，毕竟只有正当的统治者才能准确理解天帝的信息。话虽如此，日本实际上也只是直接使用从中国传入的历法罢了②。

◎ **作为路标的星星**

星星可以为人们指示前进方向。比如大家都知道在北天极附近闪烁的北极星是北方的标志，被称为"沙漠居民"的贝都因人③就有关于北极星的民谚④。

在日本，也有著名的船长桑名屋德藏以北极星为标志行船的事

---

① 也称"观象授时"。
② 新历的传入也在平安时代中期中断。日本独立创造历法始于江户时代。
③ 主要居住在阿拉伯地区的游牧民族。
④ "向北走，北极星就在马的前方。向东北走，北极星就在你的左前方。"

迹。实际上德藏的妻子已经发现北极星在移动（并不是一直位于正北方向）并提醒了德藏，但以北极星为参照物的方法仍然在以濑户内海沿岸为中心的地区保留了下来。南半球可以利用南十字星找到南天极，也就是南方（但没有像北极星一样明显的标志）。另外，猎户座的"三星"中最西侧的星星（参宿三）几乎是正东升、正西落，也可以用来表示方位。

去旅行时，掌握自己所在的位置至关重要。总之，在陆地上还好说，如果是乘船在广阔的大海上航行，就会失去目标，也没有什么能做的。所以当你乘船在海洋中航行，可以利用太阳、月亮和恒星判断自己所处的位置。这一方法叫作牵星术（天文航海术）。

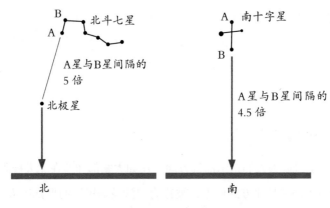

通过星座获知方位

通过天文观测获知经纬度的方法也被用来制作地图。例如伊能忠敬在日本全国范围内进行测量时，如果是晴天，就一定会在晚上进行天文观测，并测量当地的纬度[1]。

　　其实，伊能忠敬在日本全国进行测量是想弄清楚地球的大小，所以才会有想测量纬度 1 度的弧线长的想法[2]。实际上早在 200 年前，法国就做出了如下定义：经过巴黎的子午线从北极到赤道的距离的千万分之一就是 1 米。

---

① 在《伊能图》中，进行天文观测的地点会用红色的星星符号标记，标记的数量共有 1127 处。
② 伊能忠敬的老师是主导宽政改历的高桥至时。地球的大小是制定正确历法必不可少的数据。

第二章

我们最熟悉的天体 ——太阳和月球的世界

01 太阳有多大

虽说太阳是距离地球最近的恒星，人们却不一定清楚它的真面目。就让我们先从太阳的大小、质量以及到地球的距离等基本性质开始了解吧。

◎太阳系之主

坐镇太阳系中心的太阳凭借其强大的引力牵引着行星和其他天体。太阳系内的天体，除一部分特殊情况外，全部受到太阳引力的作用围绕太阳公转。太阳的质量是其引力的来源，是地球的 33 万倍，即 1.9891×10^{30} 千克，相当于 200 穰[①]千克，占太阳系总质量的 99.86%。

因为太阳是距离地球最近的恒星，所以当我们用安全的方法观测太阳时，肉眼就能看到它很大。太阳外观大小（视直径）为 30 分[②]（天体的视直径指肉眼看到的天体的张角大小）。太阳实际直径约为 140 万千米，是地球的 109 倍，体积是地球的 130.4 万倍。另外，太阳系最大的行星——木星的直径是地球的 11 倍，因此粗略估算的话，木星的直径是地球的 10 倍，而太阳的直径又是木星的 10 倍，换成这种 10 倍再 10 倍的关系会更方便记忆。

---

① 穰是兆后面第 4 个单位，顺序为兆、京、垓、秭、穰。
② 在角度制中，1 度等于 60 分，所以 30 分就是 0.5 度。

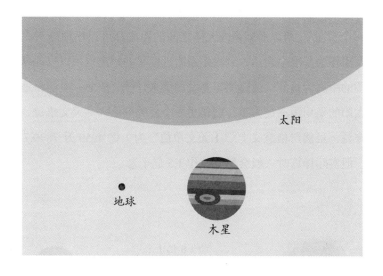

太阳、木星、地球的大小对比

◎距离的基准"1 天文单位"

地球和太阳之间究竟相隔多远呢？答案是 1.496 亿千米左右，由于地球绕太阳公转的轨道是个椭圆形，所以这个数字只是平均距离。太阳和地球最近的距离（近日点距离）为 1.471 亿千米左右，太阳和地球最远的距离（远日点距离）为 1.521 亿千米左右。地球于 1 月上旬（1 月 4 日前后）通过近日点，于 7 月上旬（7 月 4 日前后）通过远日点。因此，夏季更热是因为地球距离太阳更近的说法完全是人们的误解（何况北半球的夏季是南半球的冬季）。而且在宇宙中，光速最快可达 30 万千米/秒，所以光从太阳射到地球需要 500 秒，也就是 8.3 分钟，所以我们现在沐浴的太阳光实际是 8 分钟前从太阳表面发出的。

地球与太阳的距离是宇宙测距的基础。太阳系所有天体都遵循开普勒第三定律，即"到太阳的距离的立方与公转周期的平方之比是一个常量"，所以太阳系内天体之间的距离都可以用地球与太阳的距离作为基准来表示，到太阳系附近恒星的距离也可以以地球与太阳的距离为基准，通过周年视差的值来计算。因此，人们将地球与太阳的平均距离定为 1，创建了一个新的单位——天文单位。目前来说，虽然严格意义上"1 天文单位"为 1 亿 4959 万 7870.7 千米，但实际计算时一般会粗略算作 1.5 亿千米。

约 1.5 亿千米

1 天文单位

1 天文单位的距离

◎平凡的恒星——太阳

比地球大很多、在太阳系内存在感最强的太阳，其实也只是银河系中一颗普通的恒星。

从质量上来看，理论上最小的恒星的质量是太阳的 8%，再小就无法从核心产生能量。

截至 2020 年 4 月 1 日，已发现的质量最小的恒星是EBLM J0555–57 Ab，质量只有太阳的 8.1%。它的直径是太阳的 8.4%（是木星的 84%），比作为行星的木星还要小。从理论上说，我们并不清楚恒星的质量上限，但目前已知的质量最大的恒星是R136a1，质量为太阳的 315 倍（半径为太阳的 35 倍）。

　　如果从半径的角度考虑，人们不但发现有比木星还小的恒星，还发现了十几颗非常古老、不断膨胀、直径超过太阳 1000 倍的恒星。截至 2021 年，观测到的半径最大的恒星是斯蒂芬森 2-18，其半径为太阳的 2150 倍，直径约 30 亿千米。我们已知土星绕太阳公转的轨道半径大概是 14 亿千米，所以如果斯蒂芬森 2-18 取代太阳成为太阳系的中心，那么仅仅是它的表面就能超越土星轨道。

　　实际上银河系中的恒星数量遵循着一个规律，即质量越大的恒星数量越少，质量越小的恒星数量越多。在整个银河系中，质量不足太阳一半的恒星占了银河系恒星总数的 3/4 以上。所以太阳在银河系中只是一颗处于平均水平的普通恒星。

02 太阳有多热

> 近几年夏天炎热得让人难以忍受,而热源的制造者——太阳却远在 1.5 亿千米之外。那么太阳究竟有多热呢?

◎**太阳的内部结构**

太阳不同部分的温度不同,像地球这样的行星也一样,内部密度越大,温度越高。我们首先来了解太阳从中心到表面的温度与结构。

太阳内部是由核心、辐射区、对流层、光球层组成的层状结构。核心的半径为 10 万千米,密度高达 156 克/立方厘米,温度高达 1500 万开[1]。使太阳发光的能量就是在核心中产生的。

核心的外侧是辐射区,它能将核心的能量通过辐射的方式向外传递。辐射区的厚度约为 40 万千米,密度也很高,核心的能量需要十几万年才能穿透该区域。

辐射区的外侧是对流层,这一层会通过贝纳德对流[2]将能量传递到太阳表面。对流层的厚度约为 20 万千米。

---

[1] 开,即开尔文,符号为 K,温度单位,0 开指 –273.15 摄氏度。
[2] 仔细观察热乎乎的味噌汤,你会发现热的味噌从碗底浮起,在表面冷却后又下沉,这就是贝纳德对流。

在对流层外侧，向宇宙发射光的超薄层是光球层。太阳没有明确意义上的表面，以光球层为界，越往内，密度越急剧增大。由于我们看不到光球层以内的结构，所以光球层就是我们眼中看到的太阳表面。光球层厚度只有几百千米，温度为 4500 ~ 6000 开，代表太阳的表面温度。

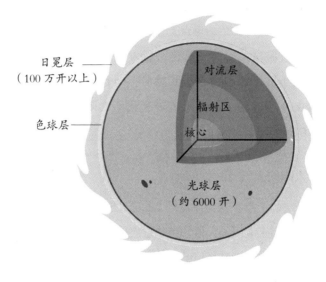

太阳的结构

◎太阳的表面

按照正规的方法使用望远镜来观察太阳，就会看到它的表面有很多黑色的斑点，这些黑点叫作太阳黑子。它是因强磁场抑制对流产生的，内部热气上升，在太阳表面形成温度较低（约 4000 开）、看起来是黑色的区域。黑子只是因为温度低，所以看起来相对较暗。如果单独看黑子，也是非常明亮的。

仔细观察太阳黑子，会看到特别暗的部分和周围稍显明亮的部分。前者是黑子的本影，后者是黑子的半影。黑子相当于太阳表面发出的磁力线的截面，因此黑子也有N极和S极，多成对出现。黑子大小不一，而且大小超过地球直径的黑子不在少数。中国古代有乌鸦住在太阳上的传说，应该指的就是肉眼可见的巨大黑子。

　　除了黑子，太阳表面还会出现明亮朦胧的光点——耀斑。与黑子正好相反，这些白色的斑点是较周围温度更高的区域。

　　再仔细观察太阳的表面还可以发现，太阳表面整体都覆盖着一层细小且不规则的颗粒状物质，叫作太阳米粒组织，可以通过前文介绍过的贝纳德对流观测到。太阳米粒组织的直径约为 1000 千米。

◎太阳的大气

　　光球层的上空存在着厚度约 2000 千米的低密度层。它被称作色球层，相当于太阳的大气。色球层底部的温度略低于光球层，随着高度上升，在靠近日冕层的边界处温度可达到 1 万开。色球层中可以看到因磁场原因而产生的谱斑和针状体。前者主要是黑子附近的明亮区域，后者则是从光球层喷射到色球层的针状等离子流体。另外，来自色球层的等离子体沿着磁力线悬浮在日冕层中的现象被称作日珥，巨大的日珥可以上升到相当于太阳半径的高度。当日珥以光球层为背景时，则会呈现亮度较暗的条状结构，我们称之为暗条。如果想观测太阳色球层，我们需要一个只允许氢气发出的红光（H−α）透过的滤光器。

　　色球层的外侧是范围更大的日冕层。日冕层的温度甚至超过100 万开，那么位于光球层之上、靠近宇宙空间的日冕层是如何达到如此高温的呢？人们至今无法详细解释它的发热原理。这一问题也被称作"日冕加热问题"。根据最新的研究成果，关于日冕层加热机制主要有以下两种有力的假说：一种认为是日冕层中频繁出现的极小爆发"纳耀斑"加热了日冕层；另一种认为是沿太阳磁力线传播的阿尔文波将太阳表面的能量传递到上空，从而加热了日冕层。

03 太阳是由什么构成的

地球是一个主要由岩石构成的行星。那么作为恒星的太阳又是由什么构成的呢？让我们从物质的组成入手，一起探索构成太阳的"材料"吧。

◎形成物质的东西

首先让我们一起确认物质是如何形成的，又是以什么状态存在的。

物质都是由极微小的"粒子"——原子构成的，也有由多个原子结合成分子再构成物质的情况，例如水（H_2O）等。原子可进一步拆分为原子核和电子，原子核由质子和中子构成（结构最简单的氢原子只有质子）。质子和中子还可以进一步细分，但本书只介绍到这一阶段（电子无法再细分）[1]。原子的性质由质子数、电子数来决定，同一元素的原子的中子数也会有所不同，人们称其为同位素[2]。

---

① 无法细分的粒子统称为基本粒子。
② 氢有 3 个同位素，其中子数分别为 0（氕）、1（氘）和 2（氚），电子数都为 1。

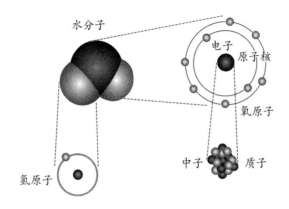

水分子

电子

原子核

氧原子

中子 质子

氢原子

仔细观察水分子的结构

　　根据温度的变化，物质会呈现不同的状态。温度较低时，原子或分子通过库仑力结合成固体。温度上升时，原子或分子的运动速度加快①，不再是稳定的固体，转而变成粒子排列相对松散的液体。若温度再升高，原子或分子的运动速度就会进一步加快，粒子间不再结合，开始自由运动，这种状态则是气体。以水为例，1个标准大气压下，气温为0摄氏度时，其状态由固体转化为液体；气温为100摄氏度时，由液体转化为气体。那么，如果在气体的状态下，温度继续上升，其状态还会是气体吗？答案是否定的，最终会变成原子核和电子分散飞舞的等离子体②。我们熟悉的火焰和雷电都是等离子体，可以说宇宙的大部分物质都是以等离子体的形式存在的。

---

① 温度原本指的就是构成物质的原子和分子的平均运动速度。
② 让原子中的电子脱离原子核束缚的过程叫作电离，没有发生电离的原子被称作中性原子。

◎太阳是一大团氢气

太阳几乎都是由氢和氦构成的。仅氢和氦就占了太阳整体的98%以上（质量比），其中氢占73%、氦占25%。它们并不是平均分布在太阳内部，太阳核心的氦比氢多，从中心点到0.1太阳半径的区域，氦、氢的占比与在整体中的占比恰好相反。继氢和氦之后，相对较多的是氧（0.77%）、碳（0.29%）、铁（0.16%）、氖（0.12%）。至于其他自然元素，太阳也几乎都有。概括来说，原子序数越大的元素占比越小，而且相邻元素中原子序数是偶数的元素占比更大。但是锂、铍、硼的含量极少。太阳是处于宇宙平均水平的恒星，因此太阳的成分也可视为整个宇宙的平均成分。

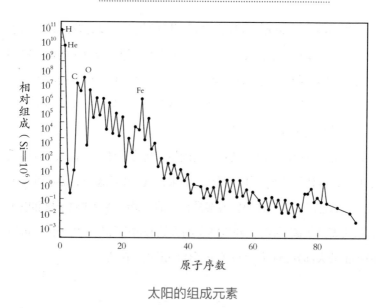

太阳的组成元素

虽然人们经常将太阳等恒星视作气体的集合，但由于高温，它们大部分都不是气体，而是等离子体。与太阳内部和大气

（色球层、日冕层）相比，光球层的温度较低，氢一般以原子的状态存在。

另外，我们生活的地球是由岩石构成的行星，因此其成分与太阳有着巨大的差异。从地球整体来看，质量比最大的是铁（35%），其次是氧（30%）、硅（15%）、镁（13%）[1]。气态行星木星的成分与太阳相似，氢占 71%，氦占 24%。

◎太阳也会自转

太阳等恒星和地球一样会发生自转，根据纬度的不同，气态（等离子态）恒星的自转周期也有差异。在太阳赤道附近，太阳每 27 天 6 小时转一圈，而在纬度 60 度附近要 30 天 19 小时转一圈，这种情况叫作较差自转。因此，太阳内部的磁力线会随着时间发生扭转，变形的磁力线构成磁场环，从太阳表面飞射到外部。这也是太阳黑子和日珥出现的原因。

太阳在赤道附近和极区附近的自转速度仅相差 10% 左右，这是否为一般规律尚未可知。由于太阳以外的恒星非常遥远，所以要想测量它们不同纬度的自转速度是非常困难的。2018 年，人们首次测定 13 颗质量、年龄都与太阳相仿的恒星的自转周期。结果表明，这些恒星在其赤道附近的自转速度都是在中纬度附近的 2.5 倍。然而根据模拟计算，理应不会产生如此大的差异，因此对于测定的数据，人们还在进行进一步的理论求证。除此之外，人们还发现了 HD 31993 等越是在高纬度区域自转速度越快的恒星。

---

[1]　地壳元素含量由大到小的顺序为：氧、硅、铝、铁。

恒星之中自转速度超过太阳的也有很多，比如狮子座的 1 等星轩辕十四的自转周期是 16 个小时，天鹰座的牛郎星的自转周期为 9 个小时。这些恒星受到离心力的作用在赤道方向膨胀，牛郎星在赤道方向的半径比极区方向的长 25%。

04 太阳是如何发光的

> 太阳的耀眼光芒令我们无法用肉眼直视，它释放出的能量是日本发电所总电量的 1400 兆倍。那么它的能量是如何产生的呢？让我们一起来探索吧。

◎太阳是在燃烧什么吗

自古以来，人们就知道太阳能为我们提供光和热。德国科学家基歇尔（1601—1680）的著作《地下世界》（1665 年）以太阳黑子的形象为基础描绘了太阳的想象图，并写道"太阳的表面是一片浩瀚的火海，可以观测到云状的黑烟、火井和燃气"。据说这本书曾经传入日本，因为日本浮世绘画家司马江汉（1747—1818）创作的铜版画《太阳真形图》与《地下世界》里的太阳插图非常相似。但总的来说，过去人们普遍认为太阳在燃烧着什么。

但是，如果太阳真的在燃烧着什么，可为什么直到 20 世纪都没有任何与之相关的发现呢？假设太阳全部由煤构成且持续燃烧，那么数千年也该燃尽了。太阳的主要成分是氢，假设太阳是在燃烧氢，那也只能持续发光 2 万年。实际上燃烧必须有氧化剂①，尚且不谈整个宇宙空间，光是能支持太阳燃烧所需的大量氧化剂就不存

---

① 燃烧是可燃物和助燃物（氧化剂）发生的一种剧烈的发光放热的化学反应。

在。也就是说，"太阳没在燃烧"。也有观点认为，物质落到太阳表面时产生的重力是太阳的能量来源，即使如此，太阳的寿命也应该只有数千万年。而现在的太阳年龄约为46亿岁，还差得很远。

◎太阳是天然的核聚变炉

直到20世纪初，人们才发现太阳的能量来源是氢核聚变。1个氦原子核的质量比4个氢原子核的质量稍小，质量和能量是等价关系，质量的缺损意味着能量的产生，有说法认为：4个氢原子核发生核聚变，变成氦原子核，会产生使太阳发光的能量。核聚变产生的能量是巨大的，仅1千克氢发生核聚变获得的能量就足以使100万吨的水沸腾。太阳拥有极大质量的氢，如果全部发生核聚变转换为氦，那么足以支撑太阳持续发光1000亿年。实际上核聚变需要1000万开的高温，因此该反应只能发生在太阳核心，虽说太阳中的氢并不能全部用于生成能量，但至少能支撑太阳持续发光100亿年。

那么实际上太阳核心是如何发生氢核聚变的呢？并不是氢的4个原子核突然聚合成氦的原子核。恒星内部发生的氢核聚变有以下两个反应。

一个是质子-质子链反应（PP链），太阳主要通过这一反应产生能量。质子-质子链反应有多条反应路径，但最主要的是：①2个氢原子核聚合，释放出正电子与中微子（v），形成氘原子核（1个质子＋1个中子），正电子与负电子碰撞后湮灭，产生γ射线；②氘原子核与其他氢原子核聚合，形成氦-3原子核（2个质子＋1个中子）；③氦-3原子核互相聚合，生成1个氦原子核和2个氢原子核。

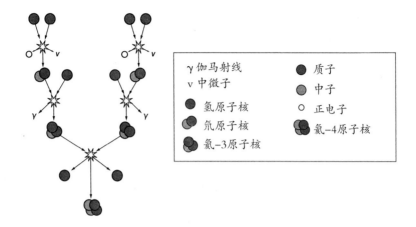

γ 伽马射线　　　　　● 质子
v 中微子
　　　　　　　　　● 中子
● 氢原子核
　　　　　　　　　○ 正电子
◐ 氘原子核
◑ 氦-3原子核　　　　● 氦-4原子核

质子-质子链反应过程

　　除了质子-质子链反应，还有以碳、氮、氧的原子核为催化剂，使氢原子核聚合成氦原子核的碳-氮-氧（CNO）核聚变循环。这种反应只有在恒星的中心温度超过 2000 万开时才会发生，因此它并非太阳能量的主要来源。

◎太阳的未来

　　太阳核心的核聚变并不会永远持续下去。随着反应的不断发生，太阳的核心会积攒很多氦。即使核心的氢元素枯竭，但由于核心还达不到发生氦核聚变所需的温度（约 1 亿开），无法产生能量，所以核心会因为承担不了自身的重力开始收缩（恒星依靠内部核聚变产生的辐射压力与自身的重力相互平衡，来维持一个稳定的形状）。这样会导致太阳核心的密度增大，产生的热量使核心周围的温度升高，在外围球状区域发生氢核聚变。太阳核心持续收缩，外层膨胀，表面温度下降，形成一颗巨大的红色星体——红巨星。

持续收缩的核心温度继续上升，开始发生氦核聚变（此时外层膨胀停止，星体再次回到稳定状态）。

氦核聚变会产生氧和碳，并累积在核心，然后继续发生核聚变，但不会一直循环下去，因为太阳的质量决定着太阳的核心温度能不能达到引发氧、碳核聚变的条件。氦核聚变结束时，星体外层再次开始膨胀，太阳外层被释放到宇宙空间。最后这个天体①只剩下一个由氧和碳组成的核心，还有周围残存的稀薄的氢和氦的外壳。它就这样慢慢地散发余热直到冷却，在静默中迎来死亡。

① 这样的天体叫作白矮星。

05 太阳会对地球产生什么影响

地球上众多生物将太阳的光和热转变成供自身生存的能量。但是，太阳给予我们的可不仅仅是恩惠。

◎ 太阳的礼物

太阳给了地球很多东西，首先是光。可见光和我们肉眼看不到的无线电波、红外线、紫外线、X射线、γ射线，所有的光都来自太阳。但有一部分电磁波因地球大气的遮挡而无法到达地面。

太阳风是太阳喷射出的一股带电粒子流，它的主要成分是质子和电子，由组成日冕层的等离子体流向宇宙空间时形成。太阳风受地磁场的阻挡，无法直接进入大气，但有一部分绕着地球夜侧侵入地磁场的范围内，与南北两极的高层大气分子（氧或氮）碰撞发光，这种现象就是极光。换句话说，极光从某种意义上来说是来自太阳的礼物。

有一种名为中微子的基本粒子也会从太阳飞来。中微子是在太阳核心发生核聚变时随γ射线一起出现的产物。由于太阳内部充满了高密度等离子体，γ射线无法直接穿过，若想到达太阳表面，则需要花费1000万年的时间[1]。其他物质几乎不受中微子的影响，

---

[1] 在这一过程中，γ射线失去能量，变成可见光后射入宇宙空间。

能以光速到达太阳表面。也就是说，只要观测太阳中微子，我们就可以知道"此时"在太阳内部发生了什么。

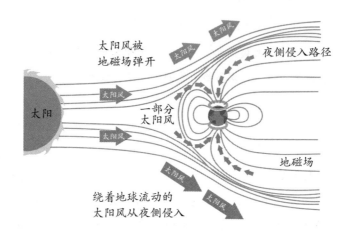

极光的形成原因

◎空间天气预报

来自太阳的电磁波和太阳风有时也会对地球产生不良影响，例如：虽说 γ 射线、X 射线和属于放射线的太阳风会被大气吸收，还会被地磁场阻挡，因而无法到达地面，但在大气层外活动的宇航员仍暴露在各种射线下。人如果长期暴露在太阳紫外线的照射下，不仅皮肤会变黑，严重时还会引起发热、水痘、皮肤癌等问题。

最该引起重视的是太阳耀斑。太阳耀斑是发生在太阳表面的爆发现象，该现象发生后会放出大量的 γ 射线、X 射线、太阳风、激波等。另外，构成日冕层的等离子体随着太阳耀斑大量抛射出来的现象被称为日冕物质抛射（CME），它会引发造成短波无线电通信障碍的电离层突扰、辐射增强和磁暴现象（地磁减弱）。辐射增强不仅会影响宇航员，还会干扰高空飞行的飞机；磁暴不仅会引发人造卫星故障，还会导致地表供电设备出现问题。1989年，伴随太阳耀斑发生的超强磁暴曾造成加拿大魁北克地区长时间停电。历史上观测到的最大规模的太阳耀斑发生在1859年，人们借用观测到它的天文学家的名字，将其命名为卡林顿[1]事件。那场太阳耀斑爆发后，整个夏威夷和加勒比海附近各国都能看到极光，欧洲和北美的电报系统全部瘫痪。

太阳耀斑爆发后，高能量粒子和等离子体需要数十分钟至数日才能到达地球。在这段时间内，我们可以监测太阳，捕捉太阳耀斑和日冕物质抛射的发生，预测随之产生的影响，提前提供相关信息，这就是空间天气预报。在日本，情报通信研究机构空间天气预报中心每天都会发布空间天气预报。

◎ 太阳活动在变弱吗

太阳活动并不是固定发生的。人们认为太阳活动的变化周期为11年左右，并称其为"太阳活动周期"。

太阳活动周期最早是通过观察太阳黑子数量的增减变化而发现的。结合太阳辐射的变化和太阳耀斑的发生频率，人们又发现在太阳辐射增强、耀斑和日冕物质抛射更频繁的极大期，太阳黑子的数量也会增加。因此，太阳黑子的数量至今仍然是衡量太阳活动的指标。

---

[1] 理查·克里斯多福·卡林顿（1826—1875），英国天文学家。

观察黑子数量增减表就会发现，同样是在极大期，黑子的数量也会有很大的差异。

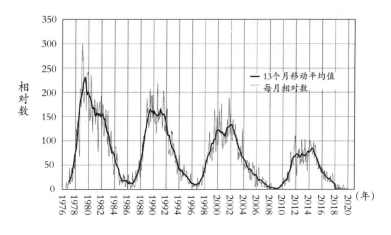

太阳黑子的数量变化（1976—2019）

特别是近几十年，极大期的太阳黑子数量在持续减少，2008 年 12 月开始的第 24 个周期的太阳活动水平明显较低。

过去也有很长一段时间太阳活动较弱。在 1645—1715 年，太阳黑子数量急剧减少，30 年间观测到的太阳黑子数量只有区区 50 个（通常会有几万个），这被称作蒙德极小期。虽然当时欧洲和北美持续处在寒冷期，但人们还没有将太阳活动微弱和地球气温的变化联系起来。实际上这段时间被称作"小冰河期"，以欧洲为中心，这段寒冷期从 14 世纪持续到 19 世纪中期，比蒙德极小期持续时间更长。因此，仅凭太阳黑子的数量减少，还无法肯定将来地球会进入寒冷期。

06 为什么我们能看到月盈月亏

可以说月亮的魅力就在于有阴晴圆缺吧。那么为什么月亮会产生盈亏变化呢？让我们从它的原理和观测方法入手，一起展开思考吧。

◎为什么会有月盈月亏

月亮的形状每天都不同，各种形状的月亮并非说明同时存在几个月亮，只是同一个月亮在改变形状而已，而且形状的变化是有规律的。像半月（弦月）第二天突然变成满月，蛾眉月第二天变成满月，隔天又变回蛾眉月，这种突然的变化是不可能发生的。

月亮看起来有圆有缺，是因为月球在绕地球旋转。月球本身不会发光，它靠反射太阳光来发亮。也就是说，月球被太阳照射到的面我们可以看到，太阳照射不到的面我们就看不到。根据太阳、月球和地球的位置关系变化，我们可以从各个方向看到月球受太阳照射的面。又根据月球绕地球旋转的规律，我们可以看到月亮从新月到蛾眉月、上弦月、渐盈凸月、满月之后再次过渡到新月的过程。月亮的盈亏周期（朔望月）是 29.5 天，因此出现了"1 个月"这样的时间单位。

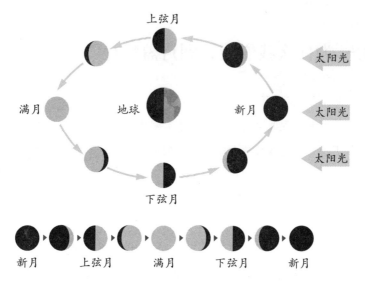

月相变化图

　　但是当月亮看起来像眉毛一样弯弯细细的时候，本来受不到光照、应该看不见的那部分有时也可以隐隐约约地看到，这是因为地球反射的太阳光照射到了月球，人们称之为地球照。地球表面有七成是海且覆盖着白云，可以很好地反射太阳光，加上地球差不多是月球的 4 倍大，因此从月球上看，地球应该非常明亮。这样的地球照亮了月球表面，就是所谓的地球照。

◎芜村歌颂的月亮

　　日本江户时代的俳人与谢芜村有一句非常著名的俳句"一片菜花黄，夜月东升，暮日西沉"。大家知道这里歌颂的月亮是什么形状吗？实际上仅凭这十几个字，几乎就能判断出当时月亮的形状了。

　　前文已经说过，月亮的形状是由太阳、地球和月球的位置决定的。比如说满月时，三者按照太阳—月球—地球这样的顺序呈一条直线分布，所以在地球上看，月球应该正好位于太阳的对面。也就是说，满月在太阳落下的同时升起，反过来说，也是在太阳升起的同时落下。这样一来，从月亮的形状就能知道月亮是何时升起，又是何时落下的。如果是蛾眉月，则可以在傍晚西边的天空看到，它就像追赶着太阳一般，日落后马上消失。如果是上弦月，可以日落时在南边的高空看到，深夜又会落下。你绝对不会白天在南边的高空看到满月，或深夜在东边的天空看到蛾眉月。

让我们回到芜村的俳句，正如文字"暮日西沉"所述，这句俳句诞生的舞台应该是傍晚，此时"夜月东升"，月亮刚刚升起。也就是说，这时的月亮是将要变满之前，形状几近圆形的状态。

接下来要留给大家一个问题。《万叶集》中收录的柿本人麻吕的和歌"东方原野处，火焰熊熊可见，归时遥望，月未倾"中的月亮是什么形状呢？这里的"火焰"指的是黎明时天空的光亮（各种说法都有）。

◎各种各样对月亮的叫法

人们根据月亮形状的不同，为其赋予不同的称谓。除了半月、满月这种直接体现形状的名称，日语中还有根据从新月算起的天数、月出的时间来命名的名称。

月亮的盈亏周期中有两次半月。从新月到满月，月亮逐渐圆满的过程中出现的半月形态为上弦月；从满月到新月，月亮逐渐残缺的过程中出现的半月形态为下弦月。也就是说，弦在上时落下的月亮为上弦月；弦在下时落下的月亮为下弦月。还有一种说法是，过去的历法以月的盈亏为基准，在某个月上旬看到的半月即上弦月，在某个月下旬看到的半月即下弦月。

日语中以新月出现的天数为基础命名的有三日月、十五夜。在这里必须注意的是，新月之日为朔日（第1天），也就是说，三日月是新月的2天后，十五夜是新月的14天后。除此之外，我们还常常会说到月龄，把新月出现的瞬间当作0，从那时起，月相经历的天数即月龄，要注意千万不要混淆。三日月的月龄约为2。满月的月龄会在13.9～15.6之间变化，所以说十五夜并不等于满月。

日语中根据月出时间命名的名称有立待月、居待月、寝待月、更待月。这是呼应月出一天比一天晚的叫法，月龄16的月亮只要站着等就能马上看到它升起，因此叫作立待月；月龄17的月亮需要坐着等才能看到它升起，因此叫作居待月；月龄18的月亮怎么等都不出现，到睡觉时才升起，因此叫作寝待月。

日本对月亮还有很多其他的称呼，连阴雨天看不到的月亮都要为其命名的国家也只有日本了吧。织月、初月、眉月、弓张月、小望月、十六夜、卧待月、有明月、晦月、雨月、无月、薄月、残月……这些都是对月亮的称呼，那么具体指的都是什么形状和状态的月亮呢？感兴趣的话就深入了解一下吧。

07 月兔的真面目究竟是什么

> 自古以来，日本人就认为月亮的形象是一只兔子在捣年糕。那么这种形象从何而来？日本之外的国家看到的月亮又是何种形态呢？

◎月陆和月海

我们称月球表面的白色部分为月陆（高地），黑色部分为月海。正如字面意思，高地就是高出月海的地方，地势起伏大。月球表面约 80% 的面积都是月陆，月球标志性地形之一陨石坑（主要是陨石撞击形成的凹坑）在月陆尤其常见。而月海是月面上较低的地方，地势相对平缓。虽然名字叫海，但月海并非像地球的海一样蓄满海水。当初开普勒将这些看上去黑色的地形命名为月海是因为他以为里面有水。

月陆和月海之所以看起来颜色不同，是因为各自的成分——岩石的种类不同。月陆主要由斜长岩构成，斜长岩是深成岩的一种，基本由斜长石这种造岩矿物组成，它的特征是钙、铝含量丰富，但是密度低。月陆中除了斜长岩，还有富含镁的辉石、橄榄石以及富含磷和稀土元素①的岩石。月海的主要成分是玄武岩，玄武岩是火

---

① 是钪、钇和镧系元素的总称。

山岩的一种，也是构成地球海洋地壳的岩石。在日本，由同类岩石构成的山有富士山和伊豆大岛的三原山等。玄武质岩浆黏性弱，能潺潺流动（请想象夏威夷的基拉韦厄火山的熔岩流）。玄武岩的硅元素相对较少，富含铁和镁。

◎月球表面形态形成的因素

为什么月球表面会分为月陆和月海呢？

月球诞生之初，曾产生深达数百千米的广泛熔融，月球因此整体被无边的岩浆海覆盖。随着岩浆海逐渐冷却，析出了各种各样的晶体矿物且根据重量发生分异。又重又黑的橄榄石和辉石等结晶沉入岩浆海底，相对较轻的白色的斜长石等结晶则浮出岩浆表面，这被称为结晶分异作用。这样一来，月球表面就形成了斜长岩结构的月壳。在那之后，直径几十千米的小天体不断撞击月球，在月球表面形成巨大的、直径达数百至数千千米的撞击盆地。与一般的陨石坑相比，撞击盆地更深，其底部的月壳更薄。然后岩浆从月球内部渗出，直至充满撞击盆地。月球内部的岩浆因结晶分异作用而富含质量较重、颜色较黑的矿物，这些物质在露出月球表面后急剧冷凝形成玄武岩，这样就产生了月海。

根据月陆和月海的形成方式可知，月海比月陆的历史短，是"年轻的地形"，这点从陨石坑的密度也能获知。随着时间的推移，小天体撞击月球的频率降低，与陨石坑较少的月海相比，陨石坑数量较多的月陆就成了较为古老的地形。

◎月亮的形象因地区而异

只有在日本，人们才会将满月时月亮的光影形状看作"兔子捣年糕"，而在不同的国家和地区，月亮的形象也各不相同。例如：南欧将月亮看作高举蟹钳的螃蟹，兔耳部分对应蟹钳；同属欧洲大陆的北欧则将月亮看作一位正在读书的女性，一只兔耳对应女性的头部，另一只兔耳对应胳膊和书；其他还有驴（南美）、嘶吼的狮子（阿拉伯地区）、搬运铁桶的少女（加拿大原住民）等各种各样的形象。比较特别的是东欧，他们关注的不是月亮黑色部分的形态，而是将白色部分作为观察对象，将其看作女性的侧脸。同样将白色部分视为观察对象的还有中国，将其看作蟾蜍的头部和前肢。

自古以来，日本人不但将月亮的形象比喻成兔子，还认为月亮上确实有兔子居住。例如，平安时代末期的故事集《今昔物语集》中记载着一则故事：猴子、狐狸、兔子在山中碰到一位筋疲力尽倒在路边的老人。三只小动物都想帮助老人。猴子收集了果实，狐狸从河里捕了鱼，它们各自为老人准备了食物。只有兔子无论怎么努力都无法获得任何食物。兔子哀叹自己的无能，想着无论如何也要帮助老人，于是它拜托猴子和狐狸架起火堆，然后将自己的身体当作食材，纵身一跃跳入火中。看到这一幕的老人露出了自己的真面目——帝释天，他为了将兔子甘于献身的慈悲行为传至后世，便让兔子升到了月亮上。据说在月亮上看到的兔子形状的四周，还能看到烟尘的影子，那是兔子燃烧自己身体时冒出的烟。

日本从飞鸟时代起就有兔子住在月亮上的传说。厩户皇子（即圣德太子）死后，皇后橘大郎女为表哀悼，制作了绣帐"天寿国曼荼罗"（日本国宝，现藏于中宫寺），其中就描绘了月亮和双手高举的兔子、茶壶、桂树这些形象。会出现这样的作品，也是因为月兔捣药的中国传说传入了日本。

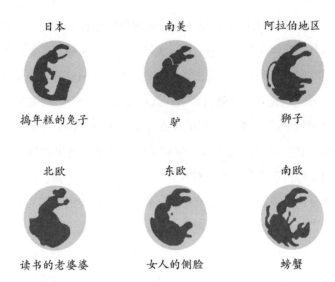

不同国家和地区月亮形象的差异

08 月球的背面是什么样的

> 不管何时看月亮，感觉都是一样的。为什么我们只能看到月亮的一面呢？月亮那不为人知的"背面"是什么样的？

◎月球有正面和背面

虽然月有阴晴圆缺，看起来每天都在变换形状，但我们能看到的样子基本就是满月、弦月和蛾眉月（当然满月以外的日子，月亮看起来都是有残缺的）。也就是说，对于生活在地球上的我们来说，月球有能看到的半球和不能看到的半球。前者是月球的正面，后者是月球的背面。月亮之所以只有一面朝向地球，是因为月球绕地球一周的时间（公转周期）和月球自转一周的时间（自转周期）一致，都是 27.3 天。很多人误以为月球没有自转，但如果月球不自转，那么在它绕地球半周时，我们就能看到背面了。

为什么月球的公转周期和自转周期是一致的呢？地球对月球的引力与距离的平方成反比，也就是说，距离越远，引力越小。月球有一定的大小，月球近地一侧受到的地球引力与另一侧受到的地球引力在强度上稍有差异。又因为月球绕地球公转，月球会受到一个与地球方向相反的离心力，因此月球被地球向两边"拉拽"着，形状变得细长。如果月球的自转速度变快导致它逐渐偏离地球的方向，地球的引力就会把它拉回来，并使它的自转速度变慢。既然可以减慢月球的自转速度，就可以用同样的原理加快月球的自转速度。这样一来就能调整月球的自转周期，使其与公转周期保持一致，始终以同一面朝向地球，这就是潮汐锁定①。

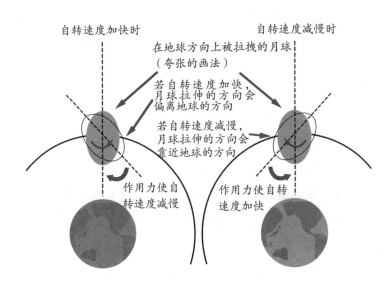

潮汐锁定的原理

◎不为人知的背面

只要在地球上，就绝对看不到月球的背面。月球的背面究竟是什么样的呢？月球的正面由看起来发白的月陆和看起来发黑的月海共同构成。而且从月球正面看月陆和月海是平均分布的，但实际上月陆约占月球表面积的 80％，这样怎么计算都是不可能的。实际上月球背面几乎不存在月海（准确地说，月海占月球正

---

① 不仅是月球，木星的伽利略卫星等遵循潮汐锁定原理的卫星还有很多。

面的 30%，占背面的 2%）。月球背面布满陨石坑，是几乎不分明
暗的世界。月球正面和背面的月壳厚度也不同。月球正面的月壳
更薄，厚度约为 60 千米，而背面为 100 千米以上。因此，月球的
"形状中心"和重心并不在同一个位置，相比起来，重心距离地
球要近 2 千米。

探测器拍到的月球正面（左）和背面（右）

另外，月球背面比正面的地势起伏更大。月球的最高点科罗
列夫陨石坑南侧（+10.75 千米）和最低点南极–艾特肯盆地内部
（−9.06 千米）都处于月球背面[1]。高度差实际是 19.8 千米，比地
球的最高点（喜马拉雅山脉珠穆朗玛峰：8.85 千米）和最低点（马
里亚纳海沟的斐查兹海渊：−10.9 千米）间的高度差更大。

月球的正面和背面为何会有如此大的差异呢？有一种说法是：
以前月球正面曾遭受小天体的剧烈撞击，导致月陆的物质被吹走，

---

[1] 都是以月球平均半径为基准的高度。

但具体原因尚不明确。

◎不是50%

前文已经说过，在地球上是看不到月球背面的。单纯从这个角度考虑，我们在地球上能看到的应该是月球的一半，也就是50%的月球。然而实际上月球正在发生轻微的摆动，使地球上的观测者在不同时间看到的月球表面有些许不同，这意味着我们能在地球上观测到59%的月球表面，而这种摆动就是天平动。

天平动的原因有很多种，大概可以分为光学天平动（或视天平动，即视觉上月球的摆动）和物理天平动（实际上月球的摆动）。因为月球的公转轨道是一个椭圆，所以轨道不同位置的公转速度不同，而且月球公转轨道与月球赤道面有一个夹角，这些都会导致光学天平动。而物理天平动是因为月球的形状是一个不规则的圆球，它会因为地球和太阳的引力作用产生晃动。

用天文望远镜、双筒望远镜观察时，留心观测月球边缘的地形的话，会更容易发现天平动现象。注意观察月球边缘的巴约环形山、克拉乌斯环形山等地形，由于天平动的影响，它们的位置变化很明显。

09 月球是怎么诞生的

> 为什么会有月球？大家想过这个问题吗？月球是一个比较特殊的天体，它的诞生是天文学界的一个谜。

◎奇怪的天体

我们平时看到的月球，是太阳系众多卫星中一个极为特殊的存在。首先，它作为地球的卫星，体积未免太大了。虽说比月球还大的卫星也是存在的[1]，但一般来说都会比母行星小很多，比如木星卫星的直径和土星卫星的直径都不到各自母行星直径的 1/20，而月球直径却约为地球直径的 1/4。

质量也是如此，木星和土星的卫星，质量最大的也只占母行星的 1/1000，月球的质量却高达地球的 1/80。

月球还有一个令人疑惑的特征，就是它的平均密度与地球相比实在太低了。一般会认为是由于月球含铁量少，没有一个像地球那样由铁和镍构成的坚固核心，即便有也应该非常小。除此以外，人们还发现月球的化学构成、平均密度与地球的地幔大致相当，但是相比之下挥发性元素（如钠、钾等）较少。另外，月球和地球上的氧同位素的丰度[2]几乎相同。

---

[1] 在太阳系中，月球是继木卫三、土卫六、木卫四、木卫一之后的第五大卫星。

[2] 同位素在自然界中的丰度，指的是该同位素在这种元素的所有天然同位素中所占的比例。

对"阿波罗"计划带回的月球岩石分析后还可知，月球曾发生大规模熔融，整体被岩浆海覆盖。如果要思考月球的成因，那就必须认真说明月球的特征。

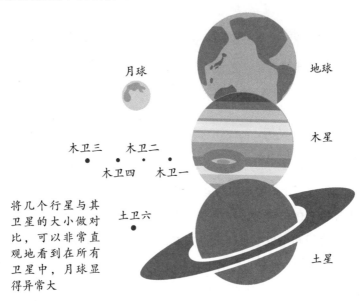

将几个行星与其卫星的大小做对比，可以非常直观地看到在所有卫星中，月球显得异常大

月球　　地球

木卫三　木卫二
木卫四　木卫一

土卫六

木星

土星

行星与其卫星的大小对比

◎月球与地球的关系

关于月球的起源有三种假说，分别是"分裂说（亲子说）""同源说（兄弟说/双子说）""俘获说（他人说）"。

分裂说是指诞生初期的地球高速自转，由于离心力的作用，一部分碎片分离出去形成了月球。虽然分裂说很好地解释了为什么月球中没有铁核（或很小），以及为什么月球的化学构成（铁、镍等元素的含量）与地球的地幔有相似的特征，但是对于当时地球的自转速度有没有快到可以分离出月球这一点还存在疑问。

同源说指月球和地球是在相同地点、相同材料的条件下同时诞生的。这完美地解释了为何地球的元素丰度与月球相似、氧同位素丰度几乎相同。但是这个假说并没有对月球挥发性元素少这一特征做出说明。

俘获说指在系外诞生的月球被地球引力捕获，最后成为一颗绕地球运行的卫星。如果这个假说成立，那月球挥发性元素少这一点就解释得通了，但又无法对氧同位素丰度与地球相同这一点做出解释。不管怎么说，地球要捕获质量占其 1/80 的月球，理论上还是很困难的。

这三种假说各有优劣，都不能作为准确的月球起源说。

◎ 月球是在剧烈的碰撞下诞生的吗

20 世纪 70 年代出现的比较新的假说是大碰撞说。这种说法认为地球诞生后不久，与火星大小相当的原始行星[1]与地球发生碰撞，二者的天体碎片混合形成月球。二者并非正面撞击，而是原始行星斜向撞击地球，原始地球的地幔受直接冲击后产生碎片，从而与原始行星的碎片结合构成月球，这样就可以很好地解释为何月球的成分与地幔的成分相似。如此大规模的碰撞，导致挥发性物质全部蒸发，整个星球都熔融为岩浆海也就说得过去了。因此，大碰撞说是目前为止最有力、最广为人知的假说。但是大碰撞说也不是一个完整的假说，用电脑模拟原始地球和原始行星相撞的场景后发现，实际飞散在太空中的物质并非来自地球，而是

---

① 这一假说中的原始行星被命名为忒伊亚（Tieia）。

来自与地球发生碰撞的天体。

2017 年，又有人提出月球是由小天体多次碰撞产生的。这个假说是从大碰撞说衍生而来的，像这样的新假说还在不断被提出。关于月球起源的探索，我们仍在路上……

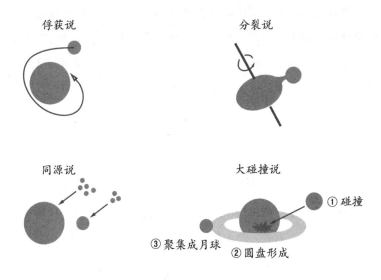

俘获说

分裂说

同源说

大碰撞说

① 碰撞

③ 聚集成月球　② 圆盘形成

月球起源的 4 种假说

10 月球真的正在远离地球吗

> 月球是距离地球最近的天体，但是地球和月球间的距离在不断地变化，月球每年都会离地球更远一些。虽说如此，月亮也不会一直远离下去。

◎距离地球最近的天体

月球基本上是距离地球最近的天体（虽然偶尔也会有小行星到地球的距离小于月球，但只是偶发情况，因此不算在内）。月地平均距离为 38 万千米，地球的直径为 1.27 万千米，所以地球和月球间的距离大概可以并排容纳 30 个地球。完成人类首次登月任务的"阿波罗 11 号"飞船，从发射到着陆共花费 4 天又 7 小时左右的时间，其间在环月轨道上停留了 2 小时，这是为了节省燃料准备着陆①。若在到达月球之前火箭持续喷射的话，应该会更快着陆。38 万千米的距离，速度为 800 千米/时的喷气式客机需要飞行 475 小时（20 天左右）；速度为 300 千米/时的新干线需要花费约 1267 小时（52 天左右）；速度为 50 千米/时的汽车需要行驶 7600 小时（317 天左右）；大家不眠不休地骑自行车（速度为 15 千米/时）的话，则需要约 2.5 万小时（1055 天左右）才能到达月球；如果是步行……请

---

① 从离开地球轨道到进入月球轨道大概需要 3 天。

自行计算（人类平均步行速度为 4 千米/时）。顺便补充一句，如果是宇宙中速度最快的光（速度为 30 万千米/秒），仅需要 1.3 秒就可以到达月球。

乘飞机去海外旅行时，移动距离最多也就 1 万～2 万千米，绕地球一周是 4 万千米，这么看来月球离我们相当遥远。即便如此，继月球之后距离我们最近的天体——金星，和我们之间的距离也有 3962 万千米（最接近时），所以说月球绝对是距离地球最近的天体。

◎月球在靠近地球还是远离地球

上文说到地球和月球间的"平均"距离为 38 万千米。因为月球绕地球公转的轨道不是标准的圆形而是椭圆形，所以月球和地球间的距离是在不断变化的。月球距离地球最近时约为 35.6 万千米，而最远时约为 40.7 万千米，足足相差 5.1 万千米，是地球直径的 4 倍。因此，虽然还没有明显到能引人注意的程度，但是实际上我们看到的月球的大小和明亮程度，在距离我们最近和最远时有着很大的不同。月有盈亏，所以比较起来有难度，例如同是满月的情况下，与 2019 年月球距离地球最远时（9 月 14 日：距离约 40.6 万千米）的满月相比，距离地球最近时的满月（2 月 20 日：距离约 35.7 万千米）要大 1.14 倍，明亮 1.3 倍。

大家都听说过超级月亮吧？可能有不少人认为就是巨大的满月。但是"超级月亮"这个词并不是天文术语，也不是经过科学定义的词语。有人认为它是"从一年中月球离地球最近的瞬间起 24 小时之内的满月"，还有人认为是"一年中最大的满月"，说法因人而异。如果按前者的说法，我们就不一定每年都能看到超级月亮；如果按后者的说法，我们就一定每年都能看到超级月亮。

离地球最近时的满月　　　　离地球最远时的满月
2019 年 2 月 20 日 0 时 54 分　2019 年 9 月 14 日 13 时 33 分
月地距离约 35.7 万千米　　　月地距离约 40.6 万千米

2019 年离地球最近的满月和最远的满月

另外，刚从地平线升起的月球看起来格外大，这是一种错觉。虽然无法明确地解释原因，但据说是由于有地平线上的建筑或山做对比，才会产生月亮比平时看起来更大的错觉。

◎逐渐远去的月球

除了月球周期性地靠近地球和远离地球的运动，从天文时间尺度上来看，月球确实正在逐渐远离地球。据"阿波罗"计划进行的月球激光测距实验①的结果可知，月球正以每年 3.8 厘米的速度远离地球。

---

① 在地球上向"阿波罗"计划在月面设置的反射器发射激光，通过观察激光返回所需的时间测定到月球的距离。

为什么月球会逐渐远离地球？因其原理过于复杂，在这里我就不一一讲解了。我们换个角度想，现在月球正在逐渐远离地球，也就说明，过去月球应该离地球更近。根据某位研究者的计算，10亿年前的月球大约比现在距离地球近10%，30亿年前的月球大约比现在距离地球近30%。虽说如此，10%的距离变化，与现在月地距离最近和最远的距离差也没相差多少。即便我们现在坐上时光机回到10亿年前，也不会觉得夜空中的月球比现在的大。如果回到30亿年前，月球到地球的平均距离为27万千米，或许那时的月球会看起来更大一些。

　　月球会持续远离地球吗？这当然是不可能的。实际上，由于月球逐渐远离地球，地球的自转周期也在变长，在地球的自转周期和月球的公转周期恰好相等的节点，月球将不再远离地球。那时地球的自转周期为47天（1128小时）。也就是说，现在1天是24小时，在遥远的未来，1天会变成1128小时（地球的公转周期不变，所以1年大概只有不到8天的时间就结束了）。地球自转和月球公转同步，意味着月球会一直出现在地球上某一地点的上空。也就是说，从地面看，月球始终停留在天空中的某一点，还会出现能看到月球的国家和看不到月球的国家。

　　但这都是100亿年之后的事情了。相比起来，太阳膨胀，地球变得让人难以生存的一天可能会来得更快。

第三章

地球的兄弟们
——太阳系的世界

01 太阳系有哪些天体

> 绕太阳运行的所有天体总称"太阳系"。太阳系可以说是宇宙中的一个大家族，那么这个家族都有哪些成员呢？

◎太阳系内的小伙伴

我们生存的地球是绕太阳运行的行星之一。这样的行星共有 8 颗，分别是水星、金星、地球、火星、木星、土星、天王星、海王星。行星可以分为类似地球的岩石行星和类似木星的气态行星①。

太阳系中最著名的就是八大行星，除此之外，还有很多小天体在围绕太阳运行。主要有在火星和木星之间运行的小行星，拖着长长尾巴的彗星，在海王星轨道范围外运行的海外天体，还有小尘埃（行星际尘）。

围绕行星和小行星运行的卫星也是太阳系的成员。当然，千万不能忘记，还有位于太阳系中心、通过引力约束着其他天体的太阳（恒星）。

一言以蔽之，太阳系中存在着各种各样的天体。

---

① 也有将天王星和海王星划分为冰态巨行星的分类方法。

◎行星的定义

2006年8月，IAU讨论决定了行星的定义。说起来可能会让大家感到惊讶，实际上在此之前人们并没有明确规定"行星是什么样的天体"。大家一直习惯性地使用着"行星"这个词，但随着一些无法判断是不是行星的天体逐渐被发现，人们决定重新对这一名词做出定义。

当时人们把某天体判断为行星的条件有3个：① 围绕太阳运行；② 有足够的体积和重量，基本呈圆球形；③ 有能力清除轨道周围的其他天体。

条件 ① 是必然的条件。至于条件 ②，是因为体积和质量大的天体为了维持自身的重力，会将自身打造为近乎圆球的形状，而不必是严格意义上的圆球形（地球因自转产生的离心力而呈赤道方向稍鼓的球状体）。条件 ③ 是这3个条件里最苛刻的，意味着该天体在自己的轨道（绕太阳运行的轨道）上占主导地位，不受其他天体的影响。以上3条如果不能同时满足，就不能被称为行星。

◎矮行星

以前冥王星也被称作行星。如今冥王星已经因不符合行星的定义，被重新划分到矮行星中。

实际上，冥王星是不满足条件 ③ 的。因为有许多类似冥王星的天体在类似的轨道上运行，冥王星的运行轨道甚至受到海王星的影响（其轨道与八大行星相比有明显的倾斜）。因此到了2006年，人们将冥王星从行星行列中剔除，重新划为矮行星，相当于"转班"了。

截至2020年7月，与冥王星情况相仿，满足条件 ① ② 却因

不满足条件 ③ 而被排除在行星行列之外的矮行星还有谷神星、阅神星、鸟神星、妊神星。

◎太阳系小天体和分类问题

除行星、矮行星和卫星之外的小天体统称太阳系小天体。后文要详细介绍的小行星、彗星和海外天体等都属于太阳系小天体。实际上，太阳系中有过明确定义的只有行星、矮行星和太阳系小天体，也就是说，小行星、彗星还没有明确的定义。

近年来，因为观测和探查活动的推进，出现了很多不能简单划分为某一类别的天体。例如：像小行星一样拥有独立轨道，却又像彗星一样拖着长长尾巴的天体；比行星和卫星之间的距离更接近的双行星系统等。

对于矮行星，也有研究者认为，把位于小行星带的谷神星和位于海王星轨道外的冥王星放在一个分类里是有问题的。

人们将天体分类只是为了方便理解，但是太阳系并不是简简单单地用几条线就能划分的。相反，正是因为如此复杂，太阳系或宇宙才会拥有无尽的魅力。

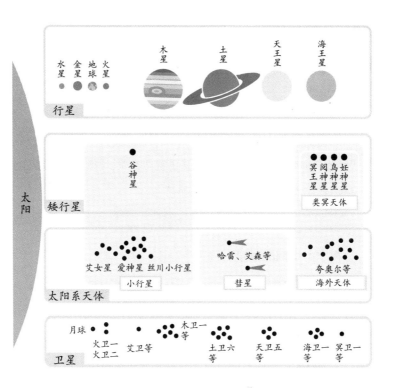

太阳系内的各种天体

02 为什么日本称行星为"惑星"

> 古希腊语中表示"迷惑的人"的πλάνης的复词πλà-νητες（planet的语源）翻译为日语就是惑星。"惑"就是迷惑，为什么说行星是"令人迷惑的"？

◎夜空中徘徊的星星

自古以来，人们在观测星星的位置时，就发现夜空中存在一些特殊的星星，它们与大多数星星的运动轨迹不同。如果在每天的相同时刻观察，会发现所有星星都在同时随着时间的推移而自东向西运动，一年后又回到原来的位置，这就是周年视运动。但是星星之间的位置关系是不会发生变化的，比如猎户座和北斗七星的形状并不会因为一年的时光而发生改变。

但也有些星星会改变与周围星星的位置关系，或自西向东运动（顺行）；或几乎不动；有时也可能中途改变运动方向，转为自东向西运动（逆行）。它们看起来就像在群星之间徘徊。

这种做非常规运动的星星一共有 5 颗，被称为πλάνητες（planetes），即现在的五大行星：水星、金星、火星、木星、土星[①]。

---

① 当时地球不被视作行星，而太阳和月球则被视作行星。

这些星星特别明亮，加上拥有与众不同的运动轨迹，所以在夜空中相当醒目。

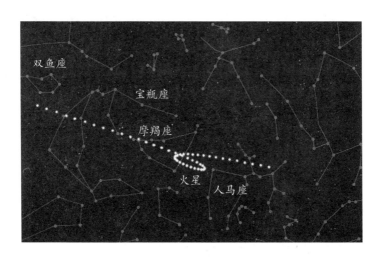

火星在夜空中的运动

◎为什么行星会令人迷惑

随着时代的变迁，人们逐渐将行星的位置、运动与人类社会结合起来。这就是占星术的起源。如此一来，哪个行星位于哪个星座，以及行星之间的位置关系就变得尤为重要。为了预测未来运势，就必须预测行星的动向。

当时人们坚信地球是宇宙的中心，行星绕地球运行的地心说，也就是天动说。但地心说无法解释"行星那些令人迷惑的问题"，即行星是顺行还是逆行的问题。将地心说体系化的托勒密只能结合本轮均轮理论来说明这一问题。即便如此，地心说在那之后还是流传了 1000 多年。

16世纪以后，认为宇宙应该更纯粹的哥白尼提出了日心说①，也就是地动说。在此基础上，开普勒又进一步提出行星的轨道应该是椭圆形的理论。日心说非常合理地解释了徘徊在夜空中的行星是如何运动的。人们也因此意识到，我们居住的地球只不过是绕太阳运行的行星之一。

这样一来，人们就明白了星星为什么看起来像"在夜空中徘徊"，因为行星在绕着太阳运行。

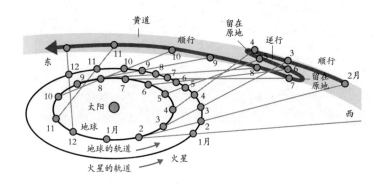

火星的运行方式

◎观测行星的方法

夜空中闪烁着无数星星，其中哪一颗是行星呢？行星是"令人迷惑的星"，只要花时间观察，就会发现它和其他星星不一样的地方。但是乍一眼看过去，是看不出行星在运动的。那么如何才能在观察夜空时区分行星与其他星星呢？

首先我们来介绍使用活动星图寻找行星的方法。虽然活动星图

---

① 日心说在公元前就已经出现，并非哥白尼的"发明"。

在展示某天某时刻的星空方面是非常方便的工具，但"令人迷惑的星"——行星会根据时间的变化改变自身所处的位置，所以并没有被记录在活动星盘上。加上几乎所有行星都十分明亮醒目，与恒星相比，行星距离地球更近，只要使用望远镜放大看，就能看到圆盘状的行星（其他星星只能看到点状）。因此行星几乎不受大气扰动的影响，不会闪烁。也就是说，没有显示在活动星图上且几乎不闪烁的星星就可以被判别为行星。

另外，肉眼能观测到的行星是水星、金星、火星、木星和土星（天王星的明亮程度也足以凭借肉眼观测到，但很难与其他星星区分开来）。

五大行星之中，水星和金星在比地球更近的轨道上绕太阳公转，因此只能在日出前东方的天空或日落后西方的天空中观测到[①]。

---

① 比起金星，水星更难观测，据说连哥白尼都没看到过水星（真假不明）。

03 由"岩石"构成的行星是什么样的

太阳系的八大行星，每一颗都有独特的外观。首先让我们来揭开由岩石构成的"类地行星"的神秘面纱。

◎被陨石坑覆盖的最小的行星——水星

在太阳系最内圈公转的水星是太阳系中最小的行星，其直径约为 4900 千米，只比地球的卫星——月球大一圈。

水星的表面与月球极为相似，全部覆盖着大大小小的陨石坑①。另外，在水星的表面可以看到很多被称为皱脊的山峰，这是之前水星遇冷收缩时形成的"褶皱"一样的结构。

水星的主要特征之一是存在磁场。它和地球一样，拥有金属核心，但因为体积巨大，一部分融化成了液体。人们认为正是液态核中诞生了磁场。但水星作为体积、质量都很小的行星，为什么内核没有冷却凝固仍是个谜（金星和火星没有磁场，大概是因为内核已经冷却凝固）。

◎被厚厚的大气覆盖的灼热行星——金星

体积、质量都与地球极度相似的金星②也被称作"地球的姐妹

---

① 水星上最大的陨石坑是直径 1550 千米的卡路里盆地，直径约为水星直径的 1/4。

② 金星的直径约为地球的 95%，质量约为地球的 82%。

星"，其自然环境却与地球有着很大的差异。

金星被超过地球 90 倍的大气笼罩着。也就是说，人如果站在金星表面，会感受到 90 倍的地球上"空气的重量"，相当于深海 900 米的水压。我们如果真的站立在金星表面，一定会立刻被压扁吧。

这种厚重的大气的主要成分是二氧化碳。说到二氧化碳，它是作为导致地球变暖的物质（温室效应气体）被大家熟知的。这超过地球 90 倍的大气里几乎全部是二氧化碳，所以会带来超强的温室效应，导致金星表面温度高达 500 摄氏度。这比距离太阳最近的水星的温度还要高[1]。另外，金星的大气中有不透明的硫酸云，因此从地球上无法看到金星表面的状态，太阳光也无法到达金星表面。尽管如此，金星表面的高温足以体现其温室效应的强大。

不仅如此，金星的大气层上还刮着被称作"超级气旋"的强风，其流动速度超过 100 米/秒，超过金星自转速度的 60 倍。地球上空也有强风——急流，但 30 米/秒的风速还不到地球自转速度的 1/10。超级气旋的起因尚不明确，但随着日本金星探测器"拂晓号"的发射，解开谜团的那一天也近在眼前了。

◎ 充满水与生命的行星——地球

地球最大的特征就是地表有液态水且孕育着生命。这样的行星在太阳系中仅此一个。但地球真的是"水之行星"吗？

确实，地球表面有七成是海。但若单看水的绝对含量，地球整

---

[1] 水星的表面温度最高达到 430 摄氏度。

体水量的体积只有 0.013%，质量只有 0.023%。太阳系中也有比地球拥有更多液态水的天体，与这样的天体相比，称地球是"干燥的行星"也不为过。

话虽如此，海的存在使生命得以诞生，也让地球成为一颗充满生命的行星。包括未被确认的物种，现在地球上已经有超过 1000 万种生物存在。

地球与生命自诞生以来就互相影响，共同构建了今天的地球环境，这种关系就是协同进化。生命的诞生和进化影响着地球环境，同时地球环境的变化也影响着生命的进化。生命给地球环境带来的最大改变就是释放出了氧气。地球大气中最开始几乎没有氧气，所以最初诞生在地球上的生命也多是不需要氧气就能生存的厌氧菌。大约 27 亿年前，蓝藻出现了，它们开始进行光合作用，在海洋中释放出氧气。随后氧气扩散到大气中，形成臭氧层。生命利用氧气产生能量，而臭氧层则为生活在地球上的生命遮挡有害的紫外线，使各种生命得以在陆地上生存。

◎ 一颗残留着水的痕迹、业已干燥的行星——火星

在地球轨道外圈公转的行星——火星是目前人类探索最多的行星。被认为曾经可能存在生命的火星，现在仍有存在微生物的可能性。目前人类正积极地从地外生命探索的角度探测火星。

虽说火星仅有半个地球那么大，但其地形非常丰富。它有太阳系内最大的火山——奥林波斯山，高度为 25 千米，山宽约 550 千米；有最大的峡谷——水手号峡谷，长约 4000 千米，宽度最大达 200 千米，最深处达 7 千米；还有类似流水地貌的

存在[①]。

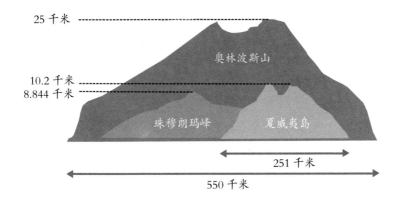

奥林波斯山和地球山脉的高度比较

如果火星上曾经存在海洋，那或许也诞生过生命。现在火星上有冰，地下可能还残留着液态水。说不定我们不久之后就能在火星上找到第一个地外生命了。

---

① 也有人认为远古时期火星的北半球可能全部被海洋覆盖。

04 由"气体"构成的行星是什么样的

接下来我们来看看气态巨行星的真面目,它们也被称为类木行星。其中天王星、海王星有时也被归类为冰态巨行星,因为它们主要是由冰构成的,而不是气体。

◎表面有绚丽条纹的行星——木星

木星是太阳系中最大的行星,其直径为地球的 11 倍,质量是地球的 318 倍,是名副其实的"行星之王"。

木星最大的特征是用小型天文望远镜也能看到的条纹图案。深褐色的叫"暗纹",亮白色的叫"亮带"。条纹实际上是氨和甲烷等构成的云。颜色差异是因为云的高度和成分不同,"亮带"是我们能看到上层氨云时看到的景象,"暗纹"则是我们看不到上层云,只能看到下层云时看到的景象。这些云受木星的自转速度影响,沿东西方向流动,因此呈条纹状。

在木星赤道稍偏南处,可以看到一只巨大的"眼睛",这是被称作大红斑的巨大旋涡云。与地球的台风不同,它是反气旋旋涡而且至少存在了几百年。至今人们还不知道它如此长寿的原因。近年来,大红斑有逐渐缩小的趋势,或许在不远的将来,它会完全消失。在木星上,除了大红斑,还有其他气旋云在不断地合体或消失,持续变化着。

◎外围有壮丽的行星环的行星——土星

土星是继木星之后的第二大行星，外围有一圈行星环是其最大的特征。实际上，木星、天王星、海王星外围都有行星环，但在地球上拿望远镜就可以观测到的只有土星环，真的非常壮观。土星环的主要成分是各种大小的冰质颗粒。至于为什么只有土星有如此巨大的行星环，现在还不得而知。有研究成果表明，构成土星环的物质正在逐渐消散，或许在不远的将来，土星环也会彻底消失。

另外，从外观上看，土星环也有过消失的时候。土星的公转周期约为 30 年，并且倾斜着围绕太阳公转，因此每隔 15 年，土星环就会侧面朝向我们。土星环非常薄，厚度最多不超过 1 千米，而土星南北极方向的半径约为 54,000 千米，所以土星环的厚度只有半径的 0.002%。因为我们是从远在 14 亿千米以外的地球上观测，所以几乎无法从视觉上辨认出土星环。另外，下一次土星环消失的时间是 2024 年。

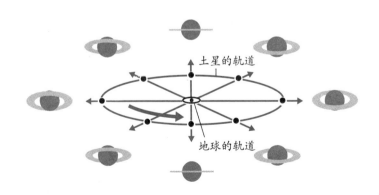

从地球上看土星环倾斜度的变化

◎横躺的行星——天王星

在土星外圈围绕太阳公转的行星是天王星。与地球之外的五大行星不同，要想仅凭肉眼在夜空中观测到它十分困难。天王星是第一颗使用望远镜发现的行星[①]。

天王星的最大特征是它的自转轴倾斜度很特别。太阳系中行星的自转轴基本方向都是一致的（金星除外，金星的倾斜角度为177度，与其他行星相反）。然而天王星自转轴倾斜角度达到97.9度，相当于横躺着围绕太阳公转。虽然原因尚不明确，但目前怀疑是小天体碰撞导致的。

由于天王星是横躺着公转的，它的极区会持续42年极昼或极夜。这使它缺乏季节变化，大气比木星和土星更稳定。另外，天王星表面没有显著的纹路。

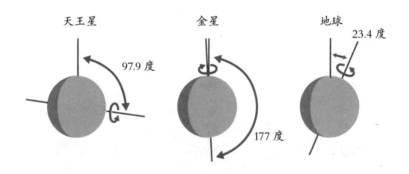

行星自转轴的倾斜度

---

① 天王星的发现者是英国天文学家威廉·赫歇尔（1738—1822）。

◎太阳系尽头的蓝色行星——海王星

海王星是太阳系行星中最外侧的行星。天王星是偶然发现的行星，而海王星则是天文学家利用天王星轨道的摄动推测出其存在与可能的位置[①]的行星。

海王星距太阳 45 亿千米，接收到的能量约为地球的 1/1000。但与在内侧公转的天王星相比，海王星的气象活动尤为激烈，其赤道附近的风速是天王星的数倍，达到 600 米/秒，被认为是太阳系最快的风。

"旅行者 2 号"探测器飞掠海王星时，曾发现被称作大黑斑的气旋。虽然与木星的大红斑同属反气旋旋涡，但不是云气旋，而是和地球的臭氧洞那样大气成分变薄的地方。后来这处大黑斑消失了，2015 年又出现了新的黑斑。

如前文所述，比起天王星，离太阳更远的海王星反而大气活动更激烈，其原因尚不明确。可能是因为海王星内部产生的能量为从太阳获取的能量的 3 倍。为什么海王星内部会产生如此巨大的能量呢？天王星和海王星因为距离我们比较远，至今为止还没有探查过（只途经过），可以说是充满谜团的行星。

[①] 众多天文学家对海王星的发现做出了贡献，主要的发现者有 3 名：法国天文学家奥本·勒维耶（1811—1877）、英国天文学家约翰·柯西·亚当斯（1819—1892）、德国天文学家约翰·格弗里恩·伽勒（1812—1910）。

05 木星的"1天"只有9小时50分钟吗

> 通过前面的介绍，我们已经见识了各种行星的真面目。那么太阳系的行星中，谁是"NO.1"呢？根据体积、质量等各种"量"，我们来排一下行星的顺序吧！

◎最大、最重的行星

无论从大小还是质量来看，木星都是当之无愧的NO.1。其半径为地球的 11 倍，质量为地球的 318 倍，是名副其实的太阳系王者。大小和质量都排在第 2 位的是土星，从大小来看排第 3 位的是天王星，从质量来看排第 3 位的则是海王星。不过，无论从哪个角度来看，地球都排在第 5 位。

木星和土星确实质量比较大，但因为它们的主要成分是氢和氦等气体，所以就如此大的体积而言，它们都属于"轻的行星"。从行星的平均密度来看，由岩石构成的地球排在第 1 位（第 2 位是水星，第 3 位是金星）。末位的土星，平均密度只有 0.69 克/立方厘米。虽说只是平均密度，土星的密度也是小得难以置信。如果能把它整个扔进水池里，它甚至可以浮在水面上。

◎"1年"和"1天"最短或最长的行星

首先从"1年"的长度（公转周期）来看，可以简单地判断出：行星离太阳越远，公转速度越慢，绕轨道一周花费的时间就越长。也就是说，水星是公转周期最短的行星（88 天），海王星是公转周期最长的行星（165 年）。

　　"1 天"的长度要讨论起来则有些复杂。结合自转的方向和公转的影响，自转周期并不等于"1 天"的长度。自转周期是以遥远的恒星为参考系，行星自转一周的时间；"1 天"的长度是以太阳为参考系，行星自转一周的时间。比如地球的自转周期是 23 小时 56 分钟，而"1 天"的时长则为 24 小时。

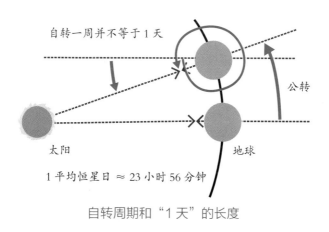

自转周期和"1 天"的长度

　　出乎意料的是，太阳系中自转周期和"1 天"最短的是太阳系最大的行星——木星，其自转周期为 9 小时 50 分钟（根据位置的不同，像木星一样的气态行星的自转速度也不相同，这是赤道的数值）。而自转周期最长的金星为 243 天。金星的自转方向和其他行星相反，所以"1 天"的长度为 117 天。金星的公转周期和"1 年"的长度一样，都为 225 天，所以在金星上只要度过两个昼夜，1 年就结束了。"1 天"最长的是水星，为 176 天（自转周期为 58 天）。水星的公转周期为 88 天，所以水星的"1 天"比它的

"1年"还要长。

◎看起来最亮的行星

行星的明亮程度根据行星自身的大小、反射率以及到地球的距离等发生变化。比如火星等行星在靠近地球和远离地球时，亮度就会有明显的不同。因此，不考虑距离，从地球上看，最明亮的行星会是谁呢？

八大行星中，金星毋庸置疑是最亮的。它也被称作"太白星""启明星"，和它的名字一样，金星在天空还未完全变暗的情况下就熠熠生辉，存在感极强。金星的明亮程度为 –4.7 等，是继太阳、月球之后看起来最明亮的天体，最亮的时候连白天都能看得到。金星之所以看起来这么亮，是因为距离地球非常近，所以看起来很大，而且它整体都覆盖着硫酸云，反射率很高（虽说如此，金星也并非行星中反射率最高的）。

亮度排在第 2 位的行星，想必大家都猜到了，那就是火星。火星最亮的时候可以达到 –3.0 等。按行星大小排名，火星是倒数第 2 位，反射率也是倒数第 2 位，但和金星一样，因为距离地球很近，所以看起来非常明亮。排在第 3 位的是木星（–2.9 等），第 4 位是水星（–2.5 等），第 5 位是土星（0.5 等）。只看数字的话，水星应该特别明亮，然而我们只能在天空尚未完全变暗的时候看到它，而且从地平线看高度偏低，所以实际看到的并没有那么明亮。

行星的各种物理量

	水星	金星	地球	火星	木星	土星	天王星	海王星
赤道半径	2439.7	6051.8	6378.1	3396.2	71,492	60,268	25,559	24,764
质量 （地球＝1）	0.05527	0.815	1	0.1074	317.83	95.16	14.54	17.15
平均密度 （克/立方厘米）	5.43	5.24	5.51	3.93	1.33	0.69	1.27	1.64
轨道长半径 （天文单位）	0.3871	0.7233	1	1.5237	5.2026	9.5549	19.2184	30.1104
轨道倾角 （度）	7.004	3.395	0.002	1.848	1.303	2.489	0.773	1.77
轨道偏心率	0.2056	0.0068	0.0167	0.0934	0.0485	0.0554	0.0463	0.009
公转周期 （年）	0.24085	0.6152	1.00002	1.88085	11.862	29.4572	84.0205	164.7701
自转周期 （天）	58.65	243.02	0.9973	1.026	0.414	0.444	0.718	0.671
卫星数[①]	0	0	1	2	72(79)	53(85)	27	14
星等	−2.5	−4.9		−2.9	−2.9	−0.5	5.3	7.8
发现年份	—	—	—	—	—	—	1781	1864

[①] 卫星数是已确定的卫星数量（已发现并上报的卫星总数）。土星的一部分卫星可能是粒子的集合，除去这类卫星，总数有 82 颗。

06 行星有多少颗卫星

太阳系中存在着各种各样不逊色于行星的卫星。其中也有一些卫星是围绕行星以外的天体运动的。这些卫星即使小小的，也有足够的存在感，让我们一起进入卫星的世界吧。

◎卫星有多少颗

首先让我们来了解一下各个行星都拥有几颗卫星吧。总的来说，像地球一样的岩石行星拥有的卫星较少，而像木星一样的气态行星拥有的卫星数量较多。这是因为气态行星质量更大，有足够的引力吸引卫星，而且距离太阳较远，有很多可以构成卫星的物质。

距离太阳较近的水星和金星没有卫星，地球只有月球这 1 颗卫星，火星有火卫一和火卫二共 2 颗天然小卫星。木星是太阳系中拥有卫星数量第 2 多的行星。截至 2020 年 7 月，木星的卫星数量已经达到 79 颗（有确定编号的卫星有 72 颗）。2018 年又发现了 10 颗木星的新卫星，或许还存在着更多未被发现的卫星。土星是太阳系中拥有卫星最多的行星，共有 85 颗（有确定编号的卫星有 53 颗）[1]。就卫星的多样性而言，土星在整个太阳系中也是首屈一指的。人们

---

① 土星的一部分卫星可能是碎片的集合，或是重复的，除去这些卫星，总数有 82 颗。

另外还发现了 27 颗天王星的卫星和 14 颗海王星的卫星。

木卫三（木星）　土卫六（土星）　木卫四（木星）　木卫一（木星）

月球（地球）　木卫二（木星）　海卫一（海王星）　天卫三（天王星）

土卫五（土星）　天卫四（天王星）

地球

地球和太阳系十大卫星的大小对比

◎独特的卫星们

下面我将介绍太阳系卫星中比较独特的几颗。

◆火卫一

火卫一是火星的第 1 颗卫星。它是一个形状不规则的小天休，也有人说它是被火星引力捕获的小行星。它正在不断地靠近火星，数亿年内可能就会被火星的引力粉碎。另外，火卫一的平均密度比较小，一度被认为是中空的。

◆木卫一

木卫一是木星的第 1 颗卫星。它比地球的卫星——月球稍大一些，地质活动更为活跃，是除地球之外唯一被发现存在"热的活火山"的天体。

◆木卫二

木卫二是木星的第 2 颗卫星。虽然表面覆盖着冰，但冰面上有无数裂纹，人们认为其内部存在液态水（海洋）。在探测地外生命这一课题中，该天体备受关注。

◆土卫六

土卫六也被称作泰坦，是土星的第 6 颗卫星。它是唯一表面覆盖有比地球浓度更高的大气的卫星。它的表面温度极低但会有降雨，雨水成分是甲烷和乙烷，与远古时期的地球有相似之处。

◆土卫二

土卫二是土星的第 2 颗卫星。探测器观测到它的南极附近有水蒸气和有机分子以间歇泉的形式喷出。与木星的木卫二一样，土卫二的内部也有液态水（海洋）。

◆天卫五

天卫五是天王星的第 5 颗卫星。它表面有着非常复杂的地形，有着太阳系内最大高度差（20 千米）的山脉。这种地形是天卫五自身遭到破坏后再次聚集而成的。

◆海卫一

海卫一是海王星的第 1 颗卫星。它的地表温度低至 –200 摄氏度以下，有喷发液态氮的冰火山。海卫一的公转方向与海王星的自转方向相反，属于逆行卫星。也有观点认为该卫星可能是在其他地方诞生的小天体，被海王星的引力捕获成了卫星。

◆海卫二

海卫二是海王星的第 2 颗卫星。它有一个细长的椭圆形公转轨道，距海王星 137 万 ~ 966 万千米。

◎拥有卫星的不只是行星

一些矮行星和属于太阳系小天体的小行星、海外天体也拥有卫星[①]。

除谷神星之外，所有矮行星都拥有自己的卫星。冥王星有 5 颗卫星：卡戎、尼克斯、许德拉、科波若斯和斯提克斯；阋神星有 1 颗卫星：阋卫一；妊神星有 2 颗卫星：妊卫一和妊卫二；鸟神星有 1 颗未被命名的卫星。特别值得一提的是，冥王星的第 1 颗卫星——冥卫一"卡戎"，其体积是冥王星的一半，与其说是卫星，倒不如说是双行星。实际上这两颗星的运行重心在冥王星之外，因此人们在讨论行星的定义时，曾有人提议将冥卫一破格提升为行星。

有的小行星和海外天体也拥有卫星，例如：小行星林神星拥有 2 颗卫星，分别是罗慕路斯和瑞摩斯；海外天体亡神星被确认有 1 颗名为万斯的卫星。像小行星休神星（其卫星未被命名）一样，宇宙中还存在着很多体积相近的小行星互相环绕运行，它们被称作双小行星。

小行星艾女星与其卫星艾卫（艾女星右侧的小点）

[①]　目前还未发现彗星有卫星。

07 扫帚星究竟是什么

突然出现在夜空，拖着长长尾巴的是被称为扫帚星的彗星。很久以前，它的出现被认为是不祥之兆，所以人们都很害怕看到它。那么它的真面目究竟是什么呢？

◎彗星是"脏雪球"

彗星分为彗核、彗发、彗尾三部分。由冰物质构成的彗核绕太阳运行，当它接近太阳时，冰升华为气体喷出，在冰核周围形成朦胧的彗发，彗发也就是彗星的大气。彗尾由太阳风和太阳光压从彗星中吹出的尘埃或气体组成（因此彗尾的朝向必然与太阳方向相反），包括由尘粒构成的尘埃尾和气体电离产生的离子尾两部分。

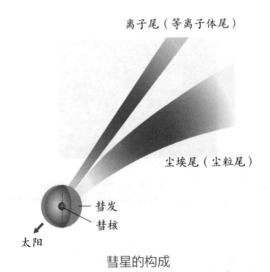

离子尾（等离子体尾）

尘埃尾（尘粒尾）

彗发
彗核

太阳

彗星的构成

彗核其实是含有很多尘埃的冰块，所以才被称为"脏雪球"（Dirty Snowballs）。近年来人们发现尘埃的比例比预期的要高，有人指出叫"冰污球"（Icy Dirtballs）可能更贴切。这里的冰大部分指的是水结成的冰，当然也包含二氧化碳、一氧化碳、氨和甲烷结成的冰。

◎也有一去不复返的彗星

彗星和行星一样，是绕太阳运行的天体，但其轨道和行星有很大的差别。行星的轨道是近乎圆形的椭圆，而彗星的轨道多是细长的椭圆。与行星轨道相比，彗星甚至还有一些立着或者逆向运行的轨道。

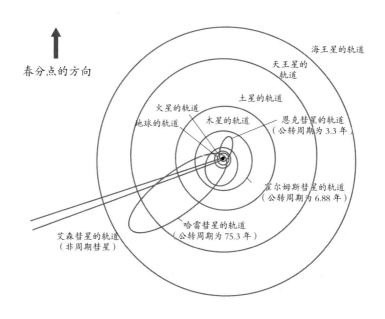

各种彗星的轨道（从地球的北极一侧看）

我们用偏心率来表示太阳系内天体轨道的形状。当偏心率是 0
时，轨道呈圆形；当偏心率为 0 ~ 1 时，轨道为椭圆形；当偏心率
为 1 时，轨道为抛物线，超过 1 时则为双曲线。最著名的哈雷彗星
（1P）在最接近太阳时会进入金星轨道的内侧，距离太阳最远时
会到海王星轨道的外侧，偏心率为 0.97。

为方便起见，人们将公转周期 200 年以下的彗星称为短周期
彗星，将公转周期 200 年以上的彗星称为长周期彗星。长周期
彗星中，也有轨道接近抛物线，曾一度靠近太阳后再不回归的类
型。另外也有靠近太阳后分崩离析的彗星。2013 年，超近距离接
近太阳、看起来非常明亮且备受期待的艾森彗星（C/2012 S1）也
是其中之一。还有因与行星相撞而灭亡的彗星，1994 年与木星相
撞后分裂为多个碎片的苏梅克–利维 9 号彗星（D/1993 F2）就是
这类彗星的代表。

◎ 轰动世界的彗星

以前被当作不祥之兆的彗星，在当今科学如此发达的背景下，
仍然难以预测。很多彗星接近太阳时，在全世界引发了骚动。

例如 1910 年先后靠近太阳和地球的哈雷彗星，可以说引起了
全世界的恐慌。当时人们已经意识到彗星的彗尾中含有剧毒的氰。
根据对彗星轨道的计算，哈雷彗星的彗尾一定会进入地球大气层。
因此有传言称地球上的生物都会窒息而死。还有人趁机做起了买
卖，结果当然是什么都没有发生。

即便不会引起混乱，彗星的行动轨迹也令天文学家和天文爱好
者喜忧参半。

发现于 1989 年的奥斯汀彗星（C/1989 X1），在当时被宣传为

潜在的巨大彗星，结果却让众人的期待落空，并不如预期的明亮。

发现于 1973 年的科胡特克彗星（C/1973 E1）也曾被科学家认为会是世纪大彗星，结果一样不如预期的明亮（因此有人调侃它是"世纪的失落"）。相反，超出人们预期的彗星也有很多。

2011 年发现的洛夫乔伊彗星（C/2011 W3），科学家推测其本该因过于接近太阳而彻底消散，但实际上它顺利通过近日点，拖着长长的尾巴活着离开了太阳。

1975 年发现的威斯特彗星（C/1975 V1）也与人们的预期相反，即便在白天也异常明亮，并向人们展现了它美丽壮观的彗尾。

彗星里面比较奇特的是霍尔姆斯彗星（17 P）。2007 年，在原本用望远镜都很难观测到的情况下，它的亮度突然增大，达到肉眼可见的程度，即所谓的彗星爆发。我们至今也不清楚为什么霍尔姆斯彗星会突然增亮 40 万倍，但这种突然的变化不正是我们观察彗星的乐趣吗？

08 未知的"第九大行星"真的存在吗

> 现在已知的太阳系行星有水星、金星、地球、火星、木星、土星、天王星、海王星共 8 颗，但太阳系当真只有这 8 颗行星吗？会不会还存在未被发现的行星呢？

◎冥王星的小伙伴

以前冥王星被视为太阳系的第九大行星。1990 年之后，人们在海王星的轨道外侧发现了很多和冥王星类似的天体，而且还发现了大小与冥王星相当的天体。因此人们不得不重新对行星进行定义，将冥王星划归为矮行星一类。我们还将在海王星轨道外侧运行且主要由冰构成的小天体称为海外天体。被划归为矮行星的天体除冥王星以外，还有阋神星、鸟神星、妊神星，它们统称为类冥天体。还有其他体积较大的海外天体（亡神星、2017 OR10 等）已经被发现，未来矮行星的数量或许还会不断增加。我们可以根据轨道等特征将它们分类，例如像冥王星一样与海王星的公转周期比为 3∶2（海王星绕太阳三周则冥王星绕太阳两周）^①的天体群被称为冥王星家族。当然也存在不是这种关系的天体群（如柯伊伯带天体），太阳系的边缘实际上是极其多样化的区域。

---

① 这种关系被称为轨道共振。

◎寻找"第九大行星"

那么太阳系内的行星是否真的不止 8 颗呢？实际上有研究者认为第 9 颗行星是真实存在的，而且也进行过实际的探索。研究者详细调查了离太阳最远的 6 个海外天体的轨道，发现它们的方向是相似的，那么是否可以认为存在未知的行星通过引力使这 6 个天体的轨道发生变化呢？按照这个理论，应该有 1 颗行星的轨道与这 6 个天体的轨道呈相反的 180 度，且质量是地球的 10 倍左右。

但同时也有研究者认为，即便不存在这样 1 颗"行星"，也可以充分解释海外天体的轨道状态，至于第 9 颗行星是否真实存在，要等到真的发现它才能下定论。另外，2019 年小黑洞说出现，该学说认为不存在第 9 行星，但存在小黑洞。如果说它的质量是地球的 10 倍，那么它就是一个保龄球大小的黑洞。

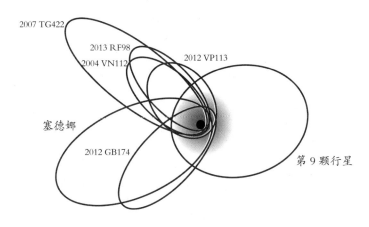

第 9 颗行星的轨道预想图（中心的黑点代表太阳）

◎太阳系的尽头是彗星的故乡

太阳系的尽头究竟在哪里，那里又有些什么呢？

1950 年，荷兰天文学家奥尔特（1900—1992）对长周期彗星的轨道详细地调查后，推断在远离太阳的位置，有由冰构成的小天体——彗星组成的球体云团包围着太阳，即奥尔特云。

奥尔特云的存在还没有被证实，如果它真实存在的话，就是太阳引力能到达的最远的地方，可以说是太阳系的尽头了。这个距离被认为长达 1 光年（约 9.5 兆亿千米）。

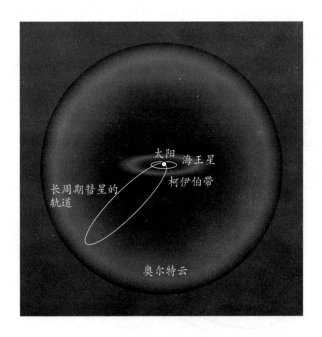

奥尔特云的想象图

近年来应该有很多人看过"'旅行者号'探测器飞离太阳系"的新闻报道，但这个说法其实是错误的。"旅行者号"探测器飞离的不是太阳系，而是太阳风的范围，也就是日球层（Heliosphere）[①]。某种意义上来说，日球层的边缘（日球层顶）也是太阳系的尽头，其距离是150亿～200亿千米，远不及奥尔特云。如果说太阳的影响范围是太阳系，那奥尔特云的边缘才是太阳系的尽头。

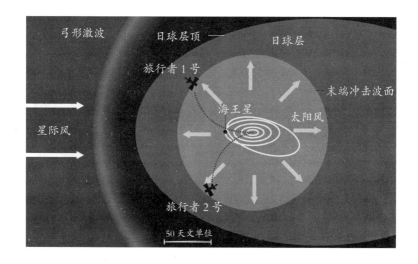

日球层和"旅行者号"探测器

[①] "旅行者1号"于2012年8月飞离日球层，"旅行者2号"于2018年11月飞离日球层。

09 可能撞上地球的星星超过 2000 颗

近年来，随着"隼鸟 2 号"探测器的活跃，小行星开始备受瞩目。直径不过 900 千米的小行星，却对我们探索太阳系的起源起着至关重要的作用。下面就让我们一起去认识一下它吧。

◎没能成为行星的星星——小行星

关于太阳系的起源，我们稍后再细谈，大家首先要知道的是，太阳系行星诞生于太阳周围由气体和尘埃构成的圆盘，也就是原行星盘中。尘埃聚集形成微行星，微行星之间反复碰撞、合并形成原始行星，在此基础上与气体合并最终成长为行星。小行星被认为是微行星碰撞、合并后残留的物质。也就是说，作为行星材料而没能成为行星的天体就是小行星。

想了解太阳系的起源和行星的结构，只调查行星是远远不够的。这是因为行星是成长后的形态，成长过程已经在无数次进化中被抹去了痕迹，无法得知它本来的面目。木星和土星等气态行星也有岩石构成的核，但因外层有厚厚的气体遮挡，我们无法细究其结构①。从这点来看，我们不妨从小行星入手，因为小行星几乎没有

---

① 由于板块构造和其他因素，地球上已经没有多少古老的岩石了。

成分变化，一定程度上保留了太阳系诞生时的物质。也就是说，小行星就是"太阳系的化石"。

◎存在可能与地球相撞的小行星吗

根据轨道，小行星大致可以分为三类。

第一类是在火星和木星轨道之间的小行星带公转的类型，叫作主带小行星。几乎所有的小行星都属于这个类别。

第二类是与木星等行星几乎同轨道，只在行星前 60 度到后 60 度之间公转的类型，叫作脱罗央群小行星。与连接太阳和行星的连线形成 60 度角的点（太阳—行星—该点正好可以构成一个等边三角形）叫作拉格朗日点，小行星就在拉格朗日点周围旋转。

第三类是与地球有类似轨道的近地小行星①。"隼鸟号"探测到的小行星"丝川"和"隼鸟 2 号"探测到的小行星"龙宫"都属于近地小行星。

有的近地小行星的轨道会与地球的轨道相交，这就可能导致这样的小行星跟地球相撞。其中可能性最高的小行星是"潜在危险小行星"（PHA）。小行星与地球相撞绝不是空穴来风，现实中确实经常发生。

2013 年 2 月 15 日，小行星 2012 DA14 距地球仅 2.77 万千米，引发热议。在这之前，俄罗斯的车里雅宾斯克州已经出现过小行星坠落事件，造成多人受伤。截至 2020 年 7 月 1 日，已经有 2103 个 PHA 被发现，未发现的肯定更多。因此世界各国都在积极探索 PHA

---

① 其英文名称为 Near Earth Asteroids，简称 NEAs。

的存在①。

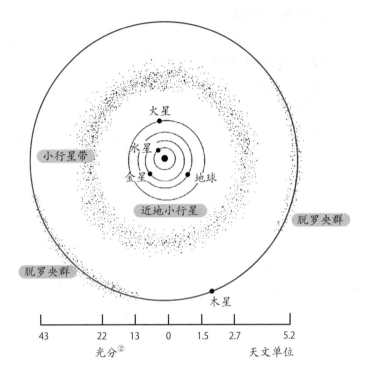

小行星的分布

◎小行星碎片——陨石

小行星的碎片或者小行星本体落到地球上，没有在大气层燃烧殆尽而落向地表，即为陨石。陨石有单纯由岩石构成的石质陨石，岩石和铁混合构成的石铁陨石，几乎全部由铁构成的铁陨

---

① 位于日本冈山县井原市的 JAXA 正日夜观测中。

② 指光在真空中 1 分钟所行走的距离，约 1799 万千米。

石（陨铁）。石质陨石中，有一种球粒陨石未经母天体加热分化（天体受热熔化，分为重金属层和轻质岩石层），被认为是原始陨石。球粒陨石中有一种含碳量丰富的碳质球粒陨石，人们在其中发现了氨基酸等有机物。由此可推测构成生命材料的物质很可能是通过碳质球粒陨石输送到地球的。陨石可能就是解开地球生命诞生之谜的关键。

陨石也经常会落到日本境内。距离现在比较近的是 2018 年 9 月坠落在爱知县小牧市的小牧陨石，还有 2020 年 7 月 2 日出现在东京近郊的不知名大火球，隔天人们就在千叶县志野市发现了陨石。被奉为神明的直方陨石被保存在直方神社，据说是现存的最古老的陨石[1]。从全世界来看，前文提到过的 2013 年降落在西伯利亚的车里雅宾斯克陨石、内含氨基酸的默奇森陨石和来自火星、有微生物痕迹的 ALH84001 比较有名。

日本的博物馆和科学馆几乎都有陨石展示区，其中也会有允许触碰的陨石。有机会的话，请一定要尝试近距离观察陨石，体验一下"手心里的宇宙"。

---

① 日本贞观三年（861 年）落下，也有人认为是宽延二年（1749 年）落下的。

10 地球上的水是彗星运来的吗

地球表面近七成是海。这也是地球被称为"水之行星"的原因。地球上之所以能诞生生命，也是因为有海洋的存在。那么太阳系中，还有别的天体上也存在海洋吗？

◎海洋存在的条件

什么样的天体会有海洋存在？最重要的是天体的表面温度。大家都知道水在 0 摄氏度时会结成冰，100 摄氏度时会沸腾变成气体，即水蒸气。也就是说，过冷或过热的天体都不会有液态水存在。在太阳系中，决定天体表面温度的首要因素就是该天体到太阳的距离。距离太阳过近，水就会蒸发；距离太阳过远，水又会结成冰。天体到太阳的距离必须适当。这个"适当距离"是一个圆环状的区域，叫作宜居带。"宜居"意为"可生存的"。太阳系中处于宜居带的行星只有地球（也有研究者认为火星也在其列）。

◎大气的存在也十分重要

并不是天体处于宜居带，其表面就一定有海洋。证据就是绕地球运行的月球也同处宜居带，但它的表面一点水都看不到。那么地球和月球的差别是什么呢？答案是有无大气。实际上如果没有一定的压力，水是无法变成液体的，而会从冰一次性转化为水蒸气。也就是说，天体为了维持表面的海洋，必须有一定量的大气。而天体要维持一定量的大气，自身就必须具备一定的质量。月球因自身质量小而难以维持大气，因此其表面不存在水。

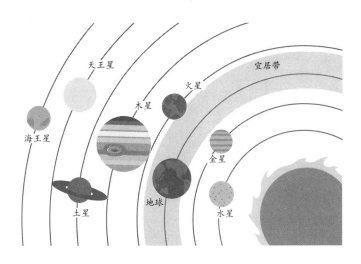

太阳系的宜居带

另外，大气的温室效应也十分重要。虽然地球处于宜居带内，但如果大气中没有足够的二氧化碳等温室气体，地表温度就会降到–20摄氏度。这样看来，行星要维持海洋的存在必须符合很多复杂的条件，不是简简单单就能实现的。

◎有地下海的星星

太阳系中除了地球，还有几个天体也存在海洋。

其中的典型代表是木星的卫星木卫二和土星的卫星土卫二。这类天体虽然表面覆盖着厚厚的冰层，但地下存在着液态水（海洋）。

那么，像木星和土星这样距离太阳很远的行星，它们的卫星上为何会有液态水存在呢？融冰为水的热源来自哪里？

答案就是潮汐力。以木卫二为例，受木星和在木卫二外侧运行的卫星木卫三、木卫四的引力牵引，木卫二自身的形状发生伸缩。结果木卫二内部发生摩擦，产生热量融化冰层，形成了海洋。实际上人们曾经观测到木卫二和土卫二表面冰层裂隙中喷发出水蒸气的景象，而且还在土卫二的喷出物中检测到了有机物。虽然现在还不能直接探测地下海，但在是否存在生命这一点上，土卫二非常值得探究。

◎搬运海的星星是谁

那么地球上大量的水是从何处运来的呢？

形成地球的材料中本来就含水的可能性非常大，在形成地球的过程中，水因碰撞的能量而蒸发，变成水蒸气覆盖在原始地球的表面，随后又逸散到宇宙空间内。也就是说，地球上的水是地球形成后从别的天体搬运过来的可能性极高。

负责搬运水的可能是小行星或彗星。尤其彗星自身就是由冰构成的，特别适合这个角色。但是根据目前已知的探测结果，构成地球和彗星的水的同位素丰度不一样。二者的差别表明地球的水和彗星的水并不相同。

那么小行星呢？C型小行星含水丰富，而且其同位素丰度与地球相似。C型小行星在整个小行星带中占多数，数量上的优势也是极其关键的一点。也就是说，在现阶段，小行星特别是C型小行星最有可能是地球水的来源。

此前，日本的小行星探测器"隼鸟 2 号"曾前往C型小行星"龙宫"进行探测活动，采集样本后于 2020 年成功返回地球。探测器在"龙宫"上空观测时已经发现有水存在，更详细的结果还需要进一步分析"隼鸟2号"带回的样本。或许地球水的来源究竟是彗星还是小行星，很快就能揭晓了。

11 太阳系是如何形成的

太阳系的行星是如何形成的？当然细节我们还不清楚，但是可以先了解一下大致情况。

◎始于气体和尘埃组成的圆盘

刚诞生不久的太阳周围会产生由气体和尘埃组成的圆盘，该圆盘被称为原行星盘，太阳系就是从这个圆盘中诞生的。尘埃的主要成分是太阳附近的岩石和金属，还有距离太阳约 3 个天文单位的冰[1]。尘埃的大小是微米级的。

尘埃在太阳周围运动最终落在圆盘的中心面上。它主要通过库仑力聚合成长，可以形成直径十几千米的小天体——微行星。微行星通过引力互相碰撞、组合，进一步成长为原始行星。这时大型的微行星凭借自身引力吸引周围的微行星，实现加速成长。原始行星成长到一定程度后可凭借引力支配周围的微行星，成长速度放缓，然后在引力的相互作用下与周围的天体保持一定间隔并继续成长。

◎然后成为行星

根据天体到太阳的距离不同，成为行星的过程也会有所不同。

在靠近太阳的区域，当原始行星形成时，太阳光线的压力会把

---

① 该分界线被称为雪线或霜线。

周围的气体都吹跑。失去气体的保护，抵抗力减弱，原始行星的轨道就会发生混乱。原始行星之间互相碰撞，形成像地球一样的岩石行星[1]。

阿尔玛望远镜拍摄的原始行星系圆盘

　　雪线外侧冰和尘埃较多，形成的原始行星也更大。大概成长到质量与地球相当时，原始行星就可以依靠自身引力吸引周围的气体，最终成长为木星那样的气态巨行星。行星的周围也会形成圆盘，然后就能形成卫星和行星环。木星形成时，由于引力的影响，内侧的微行星不能直接成长为原始行星，于是出现了小行星带。

　　在远离太阳的地方，不只是水，二氧化碳和氨也会结冰，冰的尘埃量相对增加。因此原始行星的主体是冰。距离太阳越远，微行

---

① 水星和火星可能是由原始行星的残留物质形成的。

星的公转速度越慢，成长为原始行星所需要的时间就越长。保持自身持有的气体质量的同时，也意味着周围的气体含量降低，无法再聚集气体，所以才出现了天王星这样的冰态巨行星。没有成长为行星的微行星只能作为海外天体停留在海王星外侧。

◎无法形成太阳系

到目前为止，我们所说的太阳系形成过程一般是没有问题的，但仍然有不少人质疑。

例如，如果天王星和海王星是在现在的位置上形成的，那么它们所需的成长时间会过于漫长，从圆盘形成到现在的时间恐怕是不够的。因此有人提出，天王星和海王星有可能都是在靠近太阳的区域中形成的，只是之后又移动到现在距离太阳较远的位置而已。

另外，与天王星和海王星同理，有人提出木星和土星也是在比现在还要靠近太阳的位置形成，然后远离太阳，到了现在的位置。这样就可以解释为什么火星的质量是地球的 1/10。

实际上，刚才介绍的太阳系形成的过程只是模拟推演的结果，在火星的位置上可以形成质量为地球的 50%～100% 的大行星。如果木星和土星向着太阳系内侧移动，那么受引力影响，火星轨道附近的原始行星减少，原始行星就无法继续成长了。根据这一理论，天王星和海王星在内侧诞生后，将木星和土星挤压到外侧，就完美解决了两颗行星的成长时间问题。

但是近年来，各种各样的太阳系外行星被发现，我们无法用跟太阳系相同的理论来说明它们的形成过程。人们在太阳系外行星中发现了紧挨中心恒星公转的巨大行星"热木星"和绕超大椭圆轨道公转的"偏心行星"。还有很多行星无法用现有的理论解释，理论还需要进一步完善。

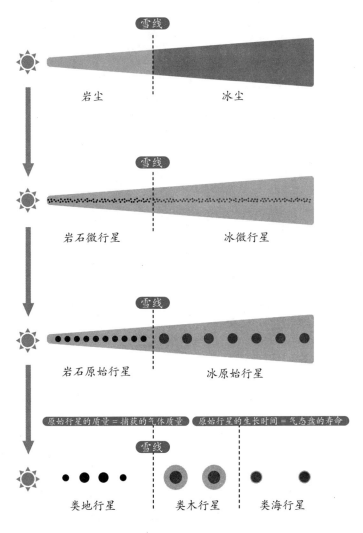

太阳系的构成

第四章

夜空的主角
——恒星的世界

01 恒星真的不动吗

> 恒星的字面意思为"永恒的星",即一直保持不变的星星,与"徘徊的星"行星语义相对。那么恒星真的如其字面所示,永远保持不动吗?

◎永恒的星

恒星是与行星相对的称呼。与随着时间变化在夜空中来去自由的行星不同,恒星一直保持着同一种排列方式。当然它也会随着地球的自转自东向西做周日运动,随着地球的公转自东向西做周年运动,将其想象为包裹地球的球(天球)的旋转,恒星则看起来像依附在天球上一样。

恒星的"恒"是"永恒不变"的意思,指它在天球上的位置和排列永恒不变。

◎星座的形状会改变吗

每年冬天,我们都能在夜空中观测到猎户座,猎户座的形状并不会因为年份的变化而改变。不管是你,还是你的祖父,甚至是几千年前创造星座的人,仰望星空时看到的都是同样形状的猎户座。星星的相对位置无论经过多少年,看起来都没有任何改变。

那么夜空中的星星真的不动吗?这当然是不可能的。恒星也在广阔的宇宙内自由活动。由于所有恒星都距离地球很远,所以即便经过数百年、数千年，在地球上仍然无法观测到它们的活动。牧夫座的 0 等星大角星因活动幅度较大而为人所熟知，即便如此，它要移动相当于满月直径的距离也要花费 900 年左右的时间[①]。但是几万年、几十万年之后，我们熟悉的星座和星群的形状都会变成我们完全不认识的样子。

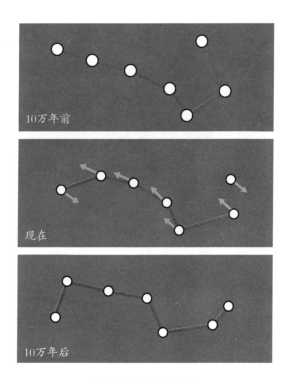

10万年前

现在

10万年后

北斗七星的形状变化

---

① 恒星在经历较长一段时间后位置也会发生变化，这是人们对比大角星一段时间内的位置记录后得出的结论。发现者是哈雷。

◎自行

宇宙空间内恒星的运动中，我们唯一能识别的是天球切线方向（平行于天球的方向）上的运动，这被称为自行①。我们可以利用光的多普勒效应调查恒星在视线方向上的运动速度，也就是视向速度。只有了解自行和视向速度，我们才可以明确恒星在宇宙空间内的三维运动。

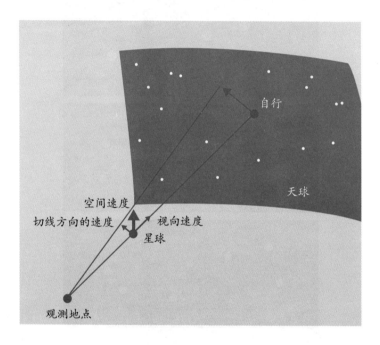

恒星的运动和自行

另外，越靠近地球的恒星，自行越大。这是因为距离越近，

---

① 自行最大的恒星是蛇夫座的巴纳德星，距离地球 6 光年。

越容易探测到恒星的动向。相反，越是远离太阳系运动的恒星，无论运动速度多快，自行都会变小。

◎银河系之外的天体

诞生于银河系的天体中，有以每秒数百千米的速度运动的天体（大部分恒星都是 200 千米/秒左右）。它们被称作超高速星（Hypervelocity Star:HVS），诞生于银河系的中心附近，因为受银心超大质量黑洞的引力影响而被弹出银河系[①]。它们之中大多数的运动速度都超过了银河系的逃逸速度，就像从银河系的中心笔直地冲出去。它们总有一天会真正地冲出银河系，再也不会回来。

与此相反，人们还发现了一些从其他星系逃出后，在宇宙中流浪，最终来到银河系的超高速星。如果能详细调查这些恒星，就可以从中分析出那些位于远方、无法逐个进行观测的其他星系的恒星。

———————

① 首个被发现的超高速星是长蛇座的 SDSS J090745.0+024507，发现时间为 2005 年。

02 肉眼可见的恒星有多少颗

夜空中有各种亮度不同的星星，有在城市里也能看到
的星星，也有在天黑时用肉眼几乎看不见的星星。那么星
星的亮度是由什么决定的呢？

◎如何表示恒星的亮度

恒星的亮度用"星等"来表示，亮度在第 1 等级的恒星叫作 1 等
星，亮度在第 2 等级的恒星叫作 2 等星……以此类推。星等的数值
越小，星星就越明亮。比 1 等星更明亮的是 0 等星，比 0 等星更
明亮的是 –1 等星。在白天也能观测到的太阳是 –27 等左右。在天
文学的世界中，甚至会用到小数点后的数字来表示亮度，所以准
确来说，太阳的亮度应该是 –26.75 等。肉眼能看到的最暗的恒星
是 6 等星（因人而异）。

比起明亮的恒星，亮度较暗的星星数量更多，全天共有 21 颗 1 等
或 1 等以上的恒星，2 等星共有 67 颗，3 等星共有 190 颗。全天肉
眼可见的恒星有 8600 颗。

◎1 等星的亮度是 2 等星的多少倍

那么星等数每减 1 或增 1，亮度会变成几倍（几分之一）呢？
据说最早对恒星亮度进行分级的是古希腊天文学家喜帕恰斯。由
于当时不能对恒星的亮度进行定量测量，所以就把大致看起来最

亮的恒星定为 1 等星，把肉眼能看到的最暗的恒星定为 6 等星。

进入 19 世纪之后，英国天文学家约翰·赫歇尔（1792—1871）发现 1 等星的亮度约是 6 等星的 100 倍。基于该理论，同时代的普森（1852—1942）提出了亮度与星等的基本关系式，即每相差 5 个星等，其亮度差 100 倍，也就是说，差 1 个星等，亮度差 2.512 倍。

全天 21 颗 1 等星的数值

星星的名称	星座	亮度	距离
天狼星	大犬座	−1.5 等	8.6 光年
老人星	船底座	−0.7 等	309 光年
南门二	半人马座	−0.3 等	4.3 光年
大角星	牧夫座	−0.0 等	37 光年
织女星	天琴座	0.0 等	25 光年
五车二	御夫座	0.1 等	43 光年
参宿七	猎户座	0.1 等	863 光年
南河三	小犬座	0.4 等	11 光年
参宿四	猎户座	0.4 等	497 光年
水委一	波江座	0.5 等	140 光年
马腹一	半人马座	0.6 等	392 光年
十字架二	南十字座	0.8 等	324 光年
牛郎星	天鹰座	0.8 等	17 光年
毕宿五	金牛座	0.8 等	67 光年
心宿二	天蝎座	1.0 等	553 光年
角宿一	室女座	1.0 等	250 光年
北河三	双子座	1.1 等	34 光年
北落师门	南鱼座	1.2 等	25 光年
天津四	天鹅座	1.3 等	1424 光年
十字架三	南十字座	1.3 等	279 光年
轩辕十四	狮子座	1.3 等	79 光年

南门二是一个由 0 等星和 1.3 等星组成的恒星系统，分开计算时全天共有 22 颗 1 等星。

但是以上只能用于计算恒星间的相对亮度差。因此，为了确定每个恒星的亮度，就需要 1 颗基准恒星。例如：1953 年，人们将北天极附近的 6 颗恒星称为北极系列，这 6 颗恒星的亮度被定为 V 星等的基准[①]。

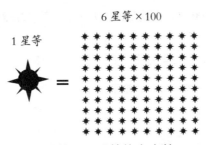

1 星等和 6 星等的亮度差

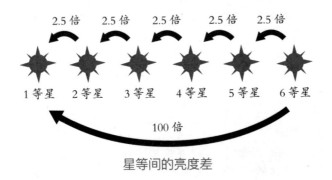

星等间的亮度差

◎视觉上的亮度和真正的亮度

恒星的亮度与距离密切相关，夜空中有的星星其实并不是很亮，但因为距离地球很近，所以看起来很亮；有的星星实际上很亮，但因为距离地球很远，所以看起来很暗。

_____

① 使用黄绿色滤光片测定恒星亮度。

也就是说，为了比较恒星原本的亮度（真实的亮度），必须把恒星到地球的距离相等当作前提条件，这个概念就是绝对星等。绝对星等是假设把恒星放在距地球 32.6 光年的地方测得的恒星亮度，此种计算方法可以避免距离的影响，更为客观地比较恒星的真实亮度。当恒星到地球的距离变为 2 倍时，恒星的亮度就会变为 1/4[①]。也就是说，如果已知恒星到地球的距离，就可以求出绝对星等。

距离地球最近、散发着强烈光芒（视星等为 –27 等）的太阳的绝对星等为 4.8 等；夜空中看起来最亮的恒星——大犬座的天狼星（视星等为 –1.46 等）的绝对星等为 1.4 等；看起来亮度仅次于天狼星的恒星——船底座的老人星（视星等为 –0.74 等）的绝对星等为 –5.6 等。从这里我们可以看出，天狼星距离地球更近，老人星距离地球更远[②]。

---

① 这叫作平方反比定律。
② 实际上天狼星距离地球 8.6 光年，老人星距离地球 310 光年。

03 为什么星星的颜色不同

夜空中有各种颜色的星星，发红的、发蓝的、发白的……星星的颜色究竟代表着什么呢？

◎恒星的颜色代表什么

仔细观察恒星就会发现它们有着多种多样的色彩，这种颜色的差别表示恒星表面温度的差异。虽然听起来会有点奇怪，但确实是发蓝的恒星表面温度更高，发红的恒星表面温度较低。例如：太阳的表面温度约为 6000 开，属于黄色恒星的范畴；猎户座的参宿四表面温度约为 3000 开，属于红色恒星的范畴。

恒星不只能发射出一种颜色的光，还可以同时发射各种颜色的光。发红的星星是因为放出的红光最强，所以呈红色；发蓝的星星是因为放出的蓝光最强，所以呈蓝色。

另外，星星的发光方式符合如下两个特点：① 温度越高的恒星放出的光越偏蓝（光的波长越短）；② 温度越高的恒星辐射的能量越大（越明亮）。因此高温的恒星看起来是蓝色的，而且整体辐射能量大，较为明亮[1]。

那么为什么猎户座的参宿四和天蝎座的心宿二看起来是红色

---

[1] 这种发光方式被称作黑体辐射。

的，却又那么亮呢？这是因为它们都是体积非常大的恒星。对恒星而言，当温度是2倍时，亮度则为16倍；半径是2倍时，亮度则为4倍。因此温度较高、颜色偏蓝的恒星看起来更明亮，温度较低的恒星如果想拥有一样的亮度，就得体积非常大才行。参宿四、心宿二都是巨大的恒星，直径是太阳的数百倍。

◎恒星的"指纹"

太阳光透过棱镜，会被分解成彩虹的七色光。因此我们也可以将恒星发出的光分解成各种单色光，并测量每种光的强度，这就是光谱。通过光谱，我们可以获知恒星的各种信息，比如观察光谱中哪种单色光辐射最强，就能得出恒星的温度范围。

仔细看恒星的光谱，你会发现上面到处都是一条条的暗线。这种线被称为吸收谱线，之所以看起来很暗，是因为这部分来自恒星的光被恒星大气中的各种元素吸收了。也就是说，通过研究吸收谱线，我们就能调查出恒星大气中包含了哪些元素。而且根据恒星颜色（表面温度）的不同，它们各自的光谱特征（吸收谱线的类型）也不同。按光谱特征分类的恒星类型就是光谱型，共分成O、B、A、F、G、K、M等几大类[1]，例如：高温的蓝色恒星是O型，温度稍高的蓝白色恒星是B型，低温的红色恒星是M型，太阳是G型。

---

[1] 为了方便记忆，人们将其连成了一句话："Oh Be A Fine Girl Kiss Me！"

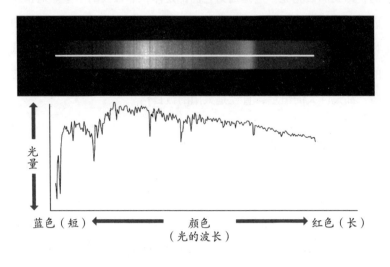

光
量

蓝色（短）◀━━━━━ 颜色 ━━━━▶ 红色（长）
　　　　　　　　　（光的波长）

太阳的光谱

◎从颜色和亮度中能获取的信息

恒星的颜色和亮度（绝对星等）的关系图被称作赫罗图（HR图）。这张图显示大部分恒星都位于左上角至右下角的"带"上，这条"带"被称为主序，位于主序上的恒星就是主序星。我们还可以看出恒星的表面温度越高、颜色越蓝，绝对星等就越小（亮）。然而还存在一些温度低、呈红色，但绝对星等非常小的亮星，比如前文介绍过的参宿四和心宿二，这类恒星被称为红巨星。它们虽然温度低，但直径很大，所以也非常明亮。另外，还有温度高、呈蓝色，但绝对星等非常大、看起来很暗的恒星，它们的直径非常小，被称为白矮星。

仔细观察光谱中的吸收谱线，就能区别一颗恒星属于主序星还是红巨星。你还可以从中判断出这颗恒星的光谱型，确定它在HR

图上的恒星位置，根据光谱型推测出它的绝对星等。知道了绝对星等，再结合它的视星等，就能求出它到地球的距离。后面会具体讲如何计算一颗恒星到地球的距离，不过也可以像这样通过恒星的颜色和亮度来推算。

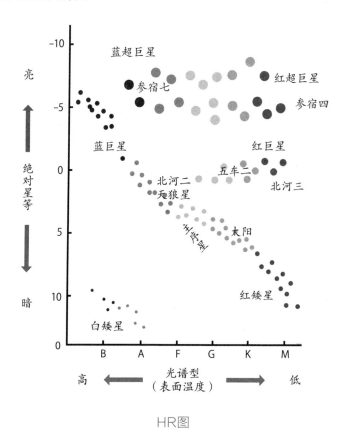

HR图

04 如何测量宇宙中的"距离"

星星看起来就像贴在夜空上，仅凭我们的肉眼很难估算距离远近。那么夜空中闪烁的星星究竟距离我们有多远呢？

◎宇宙距离的表达方式

宇宙真的非常广阔，就连距离地球最近的天体月球也远在38万千米之外，太阳更是距我们有 1.5 亿千米之远。太阳系内的天体彼此间就已经是几亿千米、几十亿千米的距离了，那么地球到太阳系外天体的距离就是个天文数字。因此我们在表示宇宙距离时通常不会用"千米"，而是改用其他单位。

我们经常用来衡量天体之间距离的单位是"光年"。虽然用到了"年"这个字，但它并不是时间单位，而是距离单位。我们将光1 年经过的距离定义为 1 光年。光是宇宙中传播速度最快的，速度约为 30 万千米/秒，可以 1 秒内绕地球七周半（实际上光是直线行进的，不会绕地球转）。光 1 年行进的距离约为 9.46 万亿千米，也就是说，差不多 10 万亿千米。

我在前文中提到过计量太阳系各天体间距离时会用到天文单位，而 1 光年约为 6.3 万天文单位。

◎太阳系附近的恒星

目前已知的距离太阳最近的恒星是南门二的伴星比邻星，距离地球 4.24 光年。这颗恒星是 11 等星，非常暗，所以用肉眼是观测不到的。在大概 2.7 万年后，比邻星到地球的距离将会缩短为 3.11 光年。

其他比较著名的恒星还有大犬座的天狼星（距地 8.6 光年）、小犬座的南河三（距地 11.46 光年）、天鹰座的牛郎星（距地 16.73 光年）、天琴座的织女星（距地 25.04 光年）、南鱼座的北落师门（距地 25.13 光年），这些都是太阳系附近的恒星。

我们用肉眼能够看到的星星，几乎都是距离太阳几百光年以内的恒星，比如室女座的角宿一距离地球约 250 光年，猎户座的参宿四距离地球约 640 光年，同属猎户座的参宿七距离地球约 860 光年。21 颗 1 等星中，距离地球最远的是天鹅座的天津四，距离地球约 1400 光年。即便距离如此遥远，它的亮度与织女星、牛郎星相比也毫不逊色，足以见得它有多亮。

◎如何求得到恒星的距离

那么到恒星的距离该如何计算呢？基本和三角测量的原理一样，利用视差来测定距离。视差指的就是在不同的位置看同一物体，看的方向会不同。接下来大家一起感受一下视差的存在吧。首先竖起一只手的食指，将胳膊尽力向前伸出，然后闭上左眼，仅凭右眼去看竖起的食指；保持胳膊不动，再将右眼闭上，只用左眼来看。怎么样，指尖是不是动了？这种视觉方向的偏差就是视差。接下来将胳膊弯曲，指尖靠近眼睛再来一次，这时用右眼看和用左眼看产生的方向差异应该会更大。也就是说，距离目标越近，视差越大；距离目标越远，视差越小。反之，知道两个观测点之间的距离（这里指两眼的间隔）与视差的大小（角度），就能计算出到目标的距离，这就是三角视差法。

若要求得地球到某颗恒星的距离，仅凭左右眼之间的距离无法得出准确的数值。这时就要利用地球的公转，在某一时间点详细观测恒星的位置，半年后，当地球绕太阳半周时，再一次观测该恒星的位置，这样就会产生视差。已知地球和太阳之间的距离，我们只要测量出视差的大小，就能求得地球到恒星的距离了。

然而周年视差（地球绕太阳周年运动所产生的视差）非常小，即便是距离太阳最近的恒星系统南门二，周年视差也只有 0.67 角秒而已[1]。

由于地球大气的不稳定性，我们在地面观测时无法准确测定恒星的位置。因此，现在有一种专门用于测量周年视差的望远镜，以此获知地球到恒星的距离。即便如此，利用周年视差测量的距离也仅限几千光年以内，只能触碰到这广阔宇宙的一角。要测量到更远处的恒星和天体的距离，必须寻求其他方法。

另外，测量地球到天体的距离还会用到"秒差距"这一单位。周年视差为 1 角秒时的距离就是 1 秒差距，1 秒差距为 3.26 光年。

---

① 1838 年第一个测量出周年视差的恒星是天鹅座 61，值为 0.29 角秒。

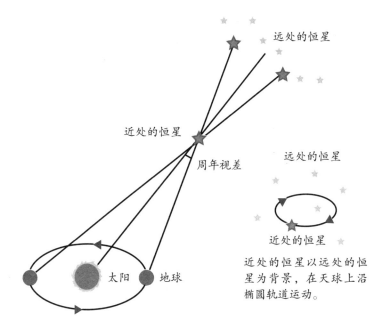

远处的恒星

近处的恒星

周年视差

远处的恒星

近处的恒星

近处的恒星以远处的恒
星为背景，在天球上沿
椭圆轨道运动。

太阳　地球

周年视差

05 恒星的亮度会变化吗

对于一直在夜空中闪耀的恒星，如果你花一段时间仔细观察它们，就会发现有不少恒星的亮度都发生了变化。

◎亮度发生变化的恒星——变星

先不论有没有规律，的确有一些恒星会随着时间的推移发生亮度的变化，人们称这些恒星为变星。变星有很多类型，比较有代表性的是食变星和脉动变星。

食变星是指会彼此掩食而造成亮度发生周期性变化的双星系统。换句话说，恒星本身的亮度并没有改变。主星和伴星同时可见时最亮，主星掩食伴星时稍暗（次极小），伴星掩食主星时最暗（主极小）。因为食变星是双星系统，所以也被叫作食双星。比较有名的

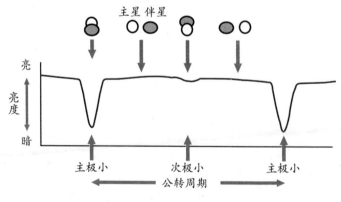

食变星亮度变化图

食变星是英仙座的大陵五和天琴座的渐台二（天琴座 β 星）。

　　脉动变星是恒星整体膨胀收缩或一部分膨胀收缩产生形状和亮度变化的变星[1]。在前一种情况下，恒星收缩到最小就是最亮的时候，因为当恒星收缩变小时，表面温度会上升。著名的脉动变星有鲸鱼座的刍藁增二和仙王座的上卫增一（仙王座 β 星）。

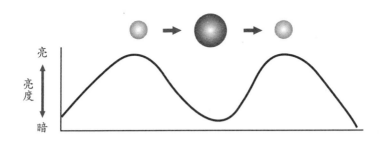

脉动变星亮度变化图

◎一些奇怪的星星

除了食变星和脉动变星之外，变星还有很多种类。

　　例如，因恒星外层或大气中发生爆炸而改变亮度的恒星——爆发变星。仙后座 γ 星就是爆发变星，它会随着赤道周围的气体环的形成和消失产生亮度变化。还有闪光星，会由于大气中产生耀斑而突然变亮。还有些像巨蟹座R型变星的变星，会因为被碳尘覆盖而在一段时间内变得很暗，就像章鱼喷出墨汁后就令人无法看清一样。还有一些变星会随着自转发生亮度变化，比如当出现巨大的黑子时，或者由于自身的形状不是圆球体而是椭球体，恒星表面的亮

---

[1]　前者是径向脉动，后者是非径向脉动。

度会分布不均，这种变星被称为旋转椭球变星。

还有一些变星被称为激变变星，它们会在短时间内变得极其明亮，然后慢慢变暗。一些激变变星是白矮星和红巨星的双星，气体从红巨星流向白矮星，沉积在白矮星上的气体导致核反应失控并爆炸发光，这是一颗大质量恒星在其生命末期引起的大爆炸。

◎宇宙灯塔

一些变星就像宇宙的灯塔，是测量宇宙距离的基础。例如，一种脉动变星仙王座 δ 星（造父变星），其变星周期与绝对星等之间存在关联性，通过测量变星周期即可简单地获得绝对星等。如果你知道绝对星等，就可以从亮度求得到该恒星的距离。就Ia型超新星的爆炸机制而言，其绝对星等都是相等的。这意味着只要测量视星等并与绝对星等相比较，就可以确定到超新星的距离。

06 恒星的寿命有多长

> 天空上的群星看似闪烁着永恒的光芒，实则和人类一样，要经历从出生到死亡完整的一生。那么恒星是如何诞生，又是如何走向死亡的呢？

◎恒星的诞生

恒星是从飘浮在宇宙内的"气体云"中诞生的。这种云的温度非常低，是由氢分子、一氧化碳分子、其他有机分子以及尘埃构成的。它们经常会遮住来自背景的星光，这种云就是暗星云。分子云因为自身重力开始收缩，形成高密度区域——云核。由于气体聚集、密度增加、温度上升，云核内会发生核聚变，而后产生一颗成熟的恒星（主序星）。

在云核发生核聚变之前，会有气体下落到云核，释放重力势能使恒星发光，这一阶段的恒星叫原恒星。原恒星被浓厚的气体和尘埃覆盖，因此可见光无法通过。在多数情况下，新生成的恒星还会向两极方向放出高速分子喷流，即双极喷流。

随着原恒星的进化，周围的气体和尘埃逐渐减少，可见光也就可以通过了。这一阶段的恒星就是金牛T型星（T Tauri）。金牛T型星也会向两极放出气体，被称为光学喷流。除此以外，大多数金牛

T型星周围都有由气体和尘埃组成的圆盘[①]。

上述的恒星形成过程主要针对质量在太阳 2 倍以下的恒星。

◎ 从壮年期到老年期

主序星的核心发生核聚变，来自核心向外的辐射压力和来自引力坍缩向内的压强相互平衡，使其得以维持自身的形状和体积。主序星就是一颗成熟的恒星，恒星一生的大部分时间都停留在主序星阶段，因此主序星阶段的时间就相当于恒星的寿命。恒星的寿命与质量的 2~3 次方成反比。也就是说，质量越大的恒星，寿命反而越短。如果说太阳能够继续发光发热 100 亿年，那么质量是太阳 2 倍的恒星则只能存活十几亿年，而质量是太阳 10 倍的恒星只能存活 1000 万年。

核聚变会消耗核心的氢，积攒下氦。在这一阶段，氦不会引起核聚变，因此在恒星的外壳区域只进行氢核聚变。无法产生能量的核心开始收缩，而外层剧烈膨胀，表面温度下降并变成红色，这便是红巨星。也就是说，红巨星就是衰老的恒星。在这之后，核心温度一旦超过 1 亿开就会发生氦核聚变，随后恒星的外层开始收缩，表面温度随之升高，恒星逐渐变得稳定。氦核聚变产生的碳和氧在核心中积累，会使核心再次成长起来。

◎ 小质量恒星的末期

质量不到太阳的 46% 的恒星是无法演化成红巨星的。小质量

---

① 也被称作原始行星系圆盘，在该圆盘上诞生了类似太阳系的行星系。

的恒星由于自身引力较弱，以致氦核不能收缩，外层的氢向外扩散，剩下的核心变成一颗散发着余热的白矮星，渐渐冷却直至死亡。这个过程需要花费超过 500 亿年的时间，考虑到现在的宇宙只有 138 亿年的历史，所以暂时还没有一颗恒星以这种方式死亡。

质量是太阳的 46% 以上、8 倍以下的恒星，核心会发生氦核聚变，产生碳和氧。当核心中的氦耗尽，氦核聚变会在壳层内进行，恒星外层再次膨胀并脱离恒星，形成行星状星云，典型的有狐狸座的 M27 星云和天琴座的 M57 星云。而由碳和氧构成的核心最终会转化成一颗白矮星。

◎大质量恒星的末期

对于质量是太阳 8 倍以上的恒星，核心则会持续发生聚变反应，碳、氧的聚变生成氖、镁，氖、镁的聚变生成硅，硅聚变又生成铁。另外，恒星的外层越来越膨胀，恒星会变成比红巨星更大的红超巨星。质量是太阳 40 倍以上的恒星，在外层膨胀的过程中会产生强烈的恒星风①，继而外层逐渐消失，露出高温的内部，成为蓝巨星，也叫作沃尔夫-拉叶星。

铁原子核是最稳定的原子核，所以当恒星的核心内形成铁核时，就无法再进行其他聚变反应了。在密度极高的核心内，铁核被分解，电子被质子吸收成为中子，由此核心内会产生一个中子核。由于中子没有电子的排斥力，原子核会紧挨在一起形成中子星。然后构成恒星外层的气体向中心聚拢、急速下落，停留在中子星的表

---

①　相当于一般恒星的太阳风。

面并引发爆炸，这就是Ⅱ型超新星爆发①。我们观测到的超新星残骸就是超新星爆发时吹出的气体，如金牛座的蟹状星云 M1 和天鹅座的面纱星云 NGC 6960。

质量是太阳 40 倍以上的恒星有非常强大的引力，会把核心内的中子星挤碎。一旦发生这种情况，核心就会持续收缩，最后形成一个黑洞。

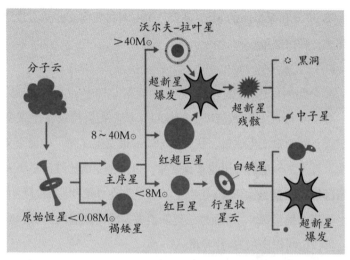

＊M⊙代表太阳的质量

天体演化图

---

① 沃尔夫 – 拉叶星上还会发生 Ib 型和 Ic 型的超新星爆发现象。

07 黑洞是怎样的天体

> 说起黑洞，总是给人一种会吸入一切的恐怖印象。那么黑洞真的存在吗？它到底是一个怎样的天体？

◎黑洞是什么

用一句话来概括，黑洞就是一个坍缩到极限的超高密度天体。黑洞的引力极其强大，其视界内的逃逸速度（摆脱天体引力束缚冲入宇宙空间的速度）甚至超过光速。也就是说，黑洞是连光都无法逃脱的"漆黑的天体"。但是由于引力的强度与距离的平方成反比，所以只要远离黑洞就不会被吸入。一旦被黑洞的引力捕获，即使是光也无法从中逃脱的范围叫作事件视界。也就是说，黑洞就是事件视界所包围的区域。从黑洞中心到事件视界的距离被称为史瓦西半径。如果太阳变成黑洞，史瓦西半径则为 3 千米；如果地球变成黑洞，史瓦西半径就只有 9 毫米。

18 世纪就有人预言有类似黑洞性质的天体存在。现代黑洞理论研究始于德国天文学家史瓦西（1873—1916）解开了广义相对论的爱因斯坦引力方程。第一个提出存在黑洞的是美籍天文学家钱德拉塞卡（1910—1995）。

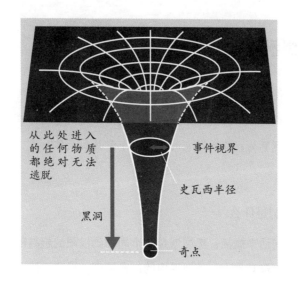

从此处进入的任何物质都绝对无法逃脱

事件视界

史瓦西半径

黑洞

奇点

黑洞

◎恒星级黑洞和超大质量黑洞

根据质量的不同，黑洞可以分为恒星级黑洞、超大质量黑洞和中间质量黑洞。

恒星级黑洞指质量是太阳几倍到几十倍的黑洞。目前在银河系中已经发现了几十个恒星级黑洞，据说1个星系中有超过1亿个恒星级黑洞。当一个质量超过太阳40倍的恒星迎来死亡时就会形成恒星级黑洞。

超大质量黑洞指质量是太阳的几百万倍到几百亿倍的黑洞。几乎所有星系的中心都存在着超大质量黑洞，而银河系的中心有一个质量超过太阳400万倍的超大质量黑洞。超大质量黑洞是如何诞生的至今仍是未解之谜，也有人认为是通过恒星级黑洞反复合并产生的，但这个过程需要很长的时间。另外，旋涡星系的中心（核球）

和椭圆星系整体的质量越大，星系中心的超大质量黑洞的质量也就越大，这种质量关系[1]应该与超大质量黑洞的形成有关，但细节尚不明确。

介于恒星级黑洞和超大质量黑洞之间（质量是太阳的几千到几万倍）的黑洞是中间质量黑洞，但它的存在很长时间都没有得到证实。第一次确定发现中间质量黑洞是在 2012 年。

◎ 我们能看到黑洞吗

作为连光都无法逃脱的"漆黑的天体"，黑洞怎样才能被发现呢？

恒星和黑洞形成双星时，恒星外层的气体被黑洞的引力所吸引，在黑洞周围形成气态圆盘（吸积盘）。气体一边旋转一边以极快的速度落入黑洞，但越靠近黑洞，气体的运动速度就越快，气体摩擦产生热量并发射X射线。由于黑洞是极其致密的天体，因此发射的X射线的强度会在极短时间内发生变化。换句话说，如果你看到大量X射线在短时间内发生亮度变化，那么射线的源头很可能是一个黑洞（恒星级黑洞）。最早发现的黑洞候选天体之一天鹅座X–1 就是通过这种方式被发现的。

银河系中心的超大质量黑洞最初是作为射电源人马座A*被发现的。当天文学家对人马座A进行高分辨率观测时，发现它由三个部分构成，首先是光亮的射电源人马座A*，其次是围绕并落入人马座A*的气体云，然后是周围运行的大质量恒星，因此天文学家

---

[1]　也叫 M-σ 关系。

判断人马座A*可能存在一个超大质量黑洞。

　　银河系以外的星系中心内的超大质量黑洞最初是作为类星体被观测到的。类星体是看起来和恒星很像，但是非常遥远（距离地球数亿至数十亿光年）并且会发射出强力无线电波的天体。然而它的真实身份是一个高度活跃的星系核（活动星系核），根据其无线电波的巨大强度和短时间内的波动，只能推测出无线电波的来源是一个超大质量黑洞，而不可能是别的天体。从银河系附近星系中心的恒星运动来看，星系的绝大部分质量都集中在中心，这就意味着星系中心存在超大质量黑洞。

　　至此，我们已经间接地证实了超大质量黑洞的存在，2019年更是成功拍摄到超大质量黑洞的"阴影"。人们通过"事件视界望远镜"（EHT）计划，以甚长基线干涉技术，结合世界各地的射电望远镜，成功观测到位于室女座M87星系中心的超大质量黑洞（质量为太阳的65亿倍）的"阴影"。EHT还观测到银河系中心的巨大黑洞，至今仍在进行数据解析。

08 恒星也有兄弟吗

在人类世界里，双胞胎或三胞胎都是比较少见的，但在动物的世界里，五胞胎、六胞胎都十分常见。那么恒星呢？恒星也有兄弟吗？

◎视双星和物理双星

有的恒星我们用肉眼只能看到一颗，用天文望远镜却能看到两颗恒星并排，这叫作双星（也有三合星和四合星）。双星包括恰好在同一视线方向的视双星和两颗恒星相互环绕转动的物理双星（也称作联星，一般情况下说到双星指的就是物理双星，很少用到"联星"一词）。视双星的两颗星实际没有任何关联，而物理双星则多是同时诞生于同一片气体云的兄弟或双胞胎。

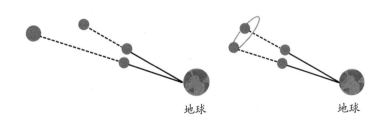

视双星（左）和物理双星（右）

物理双星在天文学领域极为重要，因为通过详细研究其运动，可以测量出每颗恒星的质量。恒星有一半以上都是双星系统，还有一些是由三颗甚至更多颗恒星构成的多星系统[①]。

通过天文望远镜可以观测到的双星为目视双星；只有通过分析光谱变化才能辨别的双星为分光双星；能够在地球上观测到，由主星和伴星的交食现象引起亮度变化的双星为食双星。

要判断双星是不是物理双星非常困难，例如天鹅座的 3 等星辇道增七，我们很长时间都判断不了它是视双星还是物理双星（从盖亚天体探测卫星测定的结果来看，更可能是视双星）。物理双星并不一定都是一对恒星，有时其中一方可能是白矮星或中子星，也有可能是黑洞，还存在一对白矮星或一对中子星或一对黑洞组成的双星。

◎刺激的双星世界

宇宙中存在一些仅限双星才有的天体现象。

恒星和白矮星组成密近双星时，恒星外层的氢气流向白矮星，在白矮星周围形成气态圆盘（吸积盘），并最后落在白矮星表面。由于白矮星自身引力极大，氢气以巨大的动能下降，带来高温的同时，氢气被压缩，从而密度增大。这会导致白矮星表面的氢核聚变失控，表面整体发生爆炸，因此看起来异常明亮，这种现象就叫作新星。还有一种情况是，当白矮星的质量随着气体的沉积而增大，构成白矮星的碳会发生强烈的核聚变，从而引起大规模爆炸，这种

---

① 例如双子座的 2 等星北河二就是六合星，御夫座的五车二和狮子座的轩辕十二都是四合星。

现象叫作Ia型超新星[①]。

双星会不断靠近，可能会发生碰撞或合体。2015 年，人类首次探测到黑洞碰撞、合并释放出的引力波，由此证明了黑洞双星的存在。2017 年，人们还发现了因中子星碰撞、合并而产生的引力波和千新星的爆发现象。除此以外，恒星的碰撞、合并还会引发名为高光度红新星（LRN）的爆发现象，这也是 2002 年观测到的麒麟座 V838 星急速变亮的原因。有些天体的碰撞、合并是能预测到的，例如：有人认为由一颗恒星和一颗白矮星构成的双星天箭座V会在 2083 年合并，届时将变得比金星还要明亮。有些恒星实际上已经经历过合并，最新的研究表明，猎户座的 1 等星参宿四就曾吞并其伴星；御夫座的白矮星 WDJ0551+4135 的质量是一般白矮星的 2 倍，因此也被认为是两颗白矮星合并产生的。

◎恒星是大家族吗

恒星都是在气态云中诞生的，例如在著名的恒星形成区猎户座大星云中，就诞生了各种质量不同的恒星。那些诞生时间相近的恒星因为相距不远就形成了集团，这种恒星集团被称作疏散星团。如果说双星是双胞胎，那么疏散星团的恒星就是彼此的兄弟姐妹。疏散星团由数十至数百颗恒星构成，也就是说，恒星就是一个兄弟姐妹众多的大家族。

构成疏散星团的恒星们终有一天会四散开来，因此构成星团的都是较为年轻的恒星。一颗恒星的质量越大，它的寿命就越短，我

①　也有人认为，Ia 型超新星是源于白矮星的相互碰撞。

们可以通过调查星团中有多少质量的恒星已经从主序星演化为红巨星，求出该星团（以及构成该星团的恒星）的年龄。例如著名的疏散星团昴星团已经有1.3亿岁。

随着时间的流逝，星团会逐渐失去凝聚力，丢失一批运动、年龄、化学成分都相似的恒星，形成移动星群。最著名的移动星群是大熊座移动星群，它包含北斗七星中的大多数恒星，它的范围甚至延伸到了太阳系附近（但太阳不属于该星群）。

那么至今人们有没有发现过太阳的兄弟星呢？2014年，人们对武仙座方向的7等星 HD 162826（距离地球109光年）的化学成分和运动进行了详细观测，结果显示它和太阳是从相同的气态云中诞生的。2018年，天文学家宣布：孔雀座方向的9等星 HD 186302 也是太阳的兄弟星。

09 太阳以外的恒星周围也有行星吗

太阳系的行星无一例外地围绕着太阳旋转。太阳是银河系中一颗平凡的恒星。那么，除了太阳之外，还有其他恒星拥有行星吗？

◎宇宙是否充满行星

长期以来，针对围绕太阳以外的恒星运行的太阳系外行星（简称系外行星）是否存在的问题，科学家一直争论不断，但真正展开探索是从 20 世纪 40 年代开始的。因为观测精度不够，再加上当时的天文学家普遍沉迷于研究"太阳系"，所以直到 1995 年才在一颗类似太阳的恒星附近发现了系外行星[①]。从那以后，系外行星就像雨后春笋般不断被发现，截至 2020 年 7 月，已确认超过 4200 颗系外行星。体积和质量越大的系外行星越容易被发现，所以还有很多类似地球这样小而轻的系外行星没有被发现。

银河系中像地球一般大小的系外行星可能有 10 亿颗或 100 亿颗，如果这个说法是正确的话，那么银河系中到处都是行星。

什么样的天体可以被称为系外行星呢？太阳系行星的定义于 2006 年正式确立，但系外行星的定义尚未明确。根据暂定的定

---

① 1992 年发现了一个围绕脉冲星（中子星）运行的行星质量天体。

义，在恒星及其残骸周围公转且质量是木星13倍以下的天体可以被列为系外行星。如果质量比木星的13倍还大，那么核心就会发生氘核聚变，这样的天体被归类为褐矮星。但是有人指出行星和褐矮星的形成过程不一样，单纯依据质量来分类不一定准确。另外，人们还发现了质量与行星相当，但不围绕恒星公转的天体，这些天体被称为流浪行星。

◎观测系外行星的方法

行星本身不会发光，但它附近有发出强光的恒星存在，所以要直接观测行星是非常困难的。因此，系外行星大多数都是通过间接观测的方法发现的，目前主要使用的观测方法是视向速度法和凌星法。

当行星围绕恒星运行时，受引力影响，位于中心的恒星也会发生微小的晃动。对我们而言，恒星是来回晃动的，因此根据多普勒效应，恒星发出的光可能会偏红或偏蓝。也就是说，来自恒星的光会周期性在红色和蓝色之间变换，而且它的周围应该也有什么在围绕它运行。像这样利用光的多普勒效应检验行星是否存在的方法被称为视向速度法。根据颜色变换的周期可以得出行星的公转周期，从颜色的变化程度（行星的晃动速度）可以得出行星的质量（下限）[1]。

如果从侧面看一个行星系的轨道平面，可以看到行星经过恒星的前面。虽然实际上没有捕捉到行星的影子，但当行星经过恒星的前面时，恒星会略微变暗。因为行星挡住了恒星的部分光线，所

---

[1] 第一颗被发现围绕类日恒星运行的系外行星是飞马座51b，就是通过视向速度法探测到的。

以可以通过恒星变暗的周期找出系外行星，这种方法被称为凌星法。根据恒星变暗的周期可以推出行星的公转周期，根据恒星变暗的程度可以求出行星的半径。如果能同时用视向速度法和凌星法发现行星，就可以求出行星的平均密度，也就可以估计该行星是气态行星还是岩石行星。

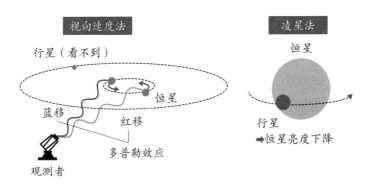

太阳系外行星的发现方法

随着近年来观测技术的进步，我们已经能拍到系外行星的直接成像图了。通过日冕仪来遮挡中心恒星的光线，以及自适应光学系统（AO）来消除大气波动，以此增加对比度，在恒星和行星亮度差异较小的情况下进行红外线观测，这样就有可能对离中心恒星有一定距离的巨大气态行星直接成像[1]。

◎非典型的行星

迄今为止发现的许多系外行星与我们太阳系的行星其实并不相

——————

① 第一次成功拍摄到的系外行星是位于飞马座的 HR 8799。

似。第一颗被发现的系外行星飞马座 51 b 是一颗巨大的气态行星，它的质量是木星的一半，但它的轨道非常接近其中心恒星，公转周期只有 4.2 天，这样的行星叫作热木星。太阳系大多数行星的公转轨道都接近正圆形，而有些系外行星的公转轨道是长长的椭圆形，这样的行星被称作离心木星，如室女座 70 b、HD 96167 b 等。行星的自转方向通常与中心恒星相同，当然也有逆行的行星，如WASP-17 b、HAT-P-7 b 等。在太阳系中，恒星只有太阳一个，但其他星系的行星却不止绕着一个"太阳"转，也就是说，它们是绕着双星系统运行的行星[①]，就像电影《星球大战》中的塔图因星一样。

当然我们找到的不仅仅是非典型的行星。近年来人们在有"第二地球"之称的宜居带内陆续发现了很多与地球大小相当的岩石行星。2014 年发现的开普勒 186 f 是人们在宜居带发现的首个地球大小的行星，但是它围绕的恒星的质量只有太阳的一半，是颗低温星球。首个被发现在类日恒星宜居带内运行、与地球大小相仿的行星是开普勒 452 b。

也有像太阳系一样存在很多行星的行星系：截至 2020 年 7 月，被发现不止有一颗行星的行星系有 700 个，其中与太阳相邻的开普勒 90 系统拥有最多的行星数量——8 颗。

---

① 例如开普勒 16 b 等。

10 外星人真的存在吗

> 经常出现在科幻小说中的"外星人"，用科学的说法应该是地外智慧生命，它们是真实存在的吗？如果真的存在，又该如何找到它们并与之联系呢？

◎探索地外生命

先不论"智慧"与否，首先要讨论的是，在地球以外的天体上真的存在生命吗？以前人们认为火星上存在智慧生命，这是因为人们误把用望远镜看到的火星表面的条纹当成一条条运河，所以当时的人们坚信火星上存在能够修建运河的智慧生命。当然，后来随着探测器前往火星，这一想法就被彻底打破了。然而，被认为表面有过海洋的火星，还是有可能存在一些微生物的。现在人们仍然致力于探查火星，因为火星或许是最有可能发现地外生命痕迹的天体之一。

系外行星也是探索地外生命的重要舞台。在宜居带公转的岩石行星可能就有生命存在，但是岩石行星一般体积都比较小，很难观测到，更不用说观测生活在上面的生命了。因此要想确认系外行星是否存在生命，就必须找出生命存在的"迹象"[1]。例如臭氧和甲烷，即便没有生命活动也有可能出现，所以不能因为检测出这些物

---

[1] 这样的迹象被称为生物标记。

质，就将其作为存在生命的证据。

◎存在多少种地外文明

探测地外智慧生命（ETI）可能比探测无智慧生命更困难，所有搜寻地外文明的计划统称为SETI（Search for Extra Terrestrial Intelligence）。目前比较困难的是如何判断生命是否具有智慧，面对这一难题，人们想到通过无线电波信号与智慧生命进行交流。如果这些未被发现的智慧生命之间是利用无线电波进行通信的，那它们日常通信时使用的无线电波可能会逸散到星球外，或者它们也有可能在有意识地向其他星球上的智慧生命发送信号。1960年，美国天文学家弗兰克·德雷克首次尝试通过接收宇宙中传来的无线电波来感知ETI的存在，这就是"奥兹玛"计划，但这个计划在实施4个月后就终止了，从那以后，世界各国开始推进各种形式的SETI计划。

1961年，德雷克设计了德雷克方程，用于"计算存在于我们银河系中并可能与人类接触的地外文明的数量N"，这个方程式是：

$$N = R_* \times f_p \times n_e \times f_i \times f_i \times f_c \times L$$

R_*代表银河系一年内诞生的恒星数量；f_p代表诞生恒星的同时，在周围诞生行星的概率；n_e代表和地球一样具有支持生命的环境的行星数量；f_i代表在这样的行星上实际诞生出生命的概率；f_i代表诞生的生命进化成智慧生命的概率；f_c代表发展出文明的智慧生命能向其他星球发送无线电波的概率；L代表发达文明的寿命（年）。根据天文学研究成果可知，R_*为20，f_p为0.5～1，除此之外的数值都只能靠推测。大家可以自己代入数值，试着解一下德雷克方程。

◎ 向地外智慧生命发送信息

SETI基本是通过捕捉ETI的信号来进行探测活动的，也就是被动式ETI探索。与之相反，我们也有主动向特定天体发送信息并等待回信的探索方式，这被称为主动搜寻地外智慧文明（Active-SETI）或者METI（Messaging to Extra Terrestrial Intelligence）。首次进行的Active-SETI是1974年通过阿雷西博射电望远镜向武仙座的球状星团M13（距离地球2.5万光年）发送信息。该信息只有1679比特，包括从1到10的数字、DNA的双螺旋结构图、人类介绍图、人类平均身高数据、当时的地球人口数据以及太阳系介绍图等。1983年，作为漫画杂志《周刊少年JUMP》（集英社）的七夕企划，森本正树利用美国斯坦福大学的抛物面天线向天鹰座的牛郎星发送了信息，这也是日本人首次实施SETI计划。

人们还曾尝试在飞往太空的航天器上搭载给ETI的信息。探索木星和土星的美国行星探测器"先驱者10号"和"先驱者11号"上安装了描绘人类男女形象和地球相关信息的金属板；"旅行者1号"和"旅行者2号"上也带了载有给ETI的信息的金唱片，其中收录115张图像，动物的叫声、风声、雷声、海浪声等自然界的声音，来自不同时代及文化的音乐[1]，以及用55种不同语言说出的祝福语。

---

① 巴赫的《勃兰登堡协奏曲》和查克·贝里的《强尼·比·古德》等。

不管是"先驱者号"还是"旅行者号",都需要花费数万年才能达到其他恒星系统,但或许某一天,ETI就会接收到它们的信息,读到地球居民寄出的"信"。

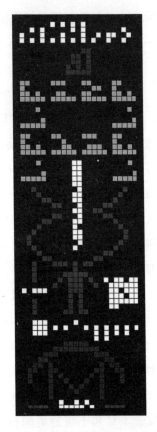

M13 发送的"阿雷西博信息"

第五章

遥远的宇宙 ——星系的世界

01 银河系内有多少颗恒星

> "银河"实际上是无数星星聚集而成的星系（银河系），但是其中不只有恒星，还有其他各种各样的天体。

◎银河系的真面目

银河横跨整个天空，从外观上来看，它就像天上通往各地的河流或道路。特别是在古代文明发达的地区，银河常常被视作一条流经它们的大河。

中国还将银河称作银汉（"汉"代表中国长江的支流之一——汉江）；古埃及称其为天上的尼罗河；古印度称其为天上的印度河；而在古希腊，人们将其视为女神赫拉的乳房进出的乳汁。因此在英语中，银河写作Milky Way（乳之路）。

最初意识到银河是星星集合的是伽利略，他用自制的望远镜观察银河，发现银河中闪烁着无数星星。

之后经过各种观测，人们逐渐认识到银河是由1000亿颗甚至2000亿颗恒星组成的大集团，是旋涡星系。

◎各种各样的星云和星团

在组成银河的天体中，恒星是当之无愧的主角。正如大家所见，它们呈现的姿态也是千差万别。除恒星之外，还有褐矮星、系外行星，以及恒星消亡后形成的白矮星、中子星、黑洞等。

恒星和恒星之间的宇宙空间内充满着薄薄的气体和尘埃（统称星际物质）。气体中大部分是氢，根据温度和密度的不同，又分为中性氢原子（HⅠ）、中性氢分子（H_2）、电离氢原子（HⅡ）。集合大量中性氢分子气体的天体是分子云，它也是恒星的诞生地。因为HⅡ区是刚诞生的炽热恒星将周围的氢气电离并发出红光的区域，所以附近通常有频繁诞生恒星的分子云。另外还有和HⅡ区合称弥漫星云的反射星云，会反射附近恒星的光线。

星云还包括行星状星云和超新星残骸。行星状星云是由质量小于太阳 8 倍的恒星在其一生的末期喷射出的外层气体构成；超新星残骸是由质量大于太阳 8 倍的恒星在其一生的末期发生超新星爆发时飞散的气体构成。无论是行星状星云还是超新星残骸，构成它们的气体都在不断扩散，最终都会变为星际物质，助力新恒星的诞生。

恒星有时会形成有引力约束的星团，如第一章介绍过的疏散星团和球状星团。疏散星团是由同一气体云中诞生的兄弟星构成的，其特征是成员多为年龄在几十亿岁以下且富含重元素的年轻恒星。而球状星团的形成方式尚未明确，它的特征是成员多为年龄约百亿岁且几乎不含重元素的年老恒星。

◎围绕着星系的暗物质

构成银河系的天体整体在围绕着星系的中心运行。简单来说，就像太阳系的行星一样，它们距离星系中心越远，运行速度也应该越慢。但是仔细研究银河系内天体的运行速度，你就会发现，当距离星系中心一定距离之后，它们的运行速度几乎不

暗星云 B 68

行星状星云 NGC 7293（螺旋星云）

疏散星团 M 7

球状星团 NGC 5139（半人马座 Ω 星团）

装点银河系的天体

会再发生改变，这就意味着在星系周围一定存在具有质量的物质。它被称为缺失的质量，又由于无法通过电磁波探测到，所以也叫作暗物质。

最初人们把晕族大质量致密天体（MACHOs）设想为暗物质，因为它是一种质量与太阳相近的致密天体，而且无法被可见光探测到，前文介绍过的褐矮星、白矮星、黑洞等都具备类似的特性。这些天体看不见但有质量，因此人们通过引力透镜效应进行探索，证实了它们的存在，但它们的数量还不足以解释缺失的质量。引力透镜效应指的是当一个天体（透镜天体）在另一个天体（源天体）前面穿过，空间被透镜天体的引力扭曲，使源天体发出的光发生弯曲，源天体变得明亮可见。

　　还有一种观点认为暗物质可能是一种未知的基本粒子。一度中微子也被怀疑是暗物质，但如今科学家已经证实它不是暗物质的主要成分。现在最有可能是暗物质的是一种叫WIMP的基本粒子，另外也有可能是中性子和轴子。但是以上不管哪一种都还没有被发现。

02 太阳系处于银河系的什么位置

从地面上看，银河就像在空中围成了一个圈，那么银河的真面目——银河系究竟长什么样呢？下面让我们一起来了解一下银河系吧。

◎银河系的全貌

如果从外面看银河系，你会看到什么呢？如果从正上方看，你会看到它的中心有一个椭圆形的区域，从该区域内延伸出很多分支，它们旋转成旋涡状，使银河系整体呈圆形。如果从侧面看，你会看到它的中心看起来就像一个略微凸起的凸透镜。银河系中心隆起的椭圆形的部分是核球，周围像薄透镜一样的部分是银盘，还有最外层包裹着它们的部分是球状的银晕，银河系就主要分为这三大部分。

核球主要由年龄超过 100 亿岁的恒星组成，大体形状是三条轴长各异的椭球体，长轴约 1.3 万光年，三轴的长度比是 10：4：3。另外，人们推测核球的中心有超大质量黑洞。

银盘由比较新的恒星构成的薄圆盘和相对较老的恒星构成的厚圆盘组成。银盘的直径约为 10 万光年，其中薄圆盘的厚度约 1.5 万光年，厚圆盘的厚度与核球相近。银盘中可见旋臂结构，而且银盘不是平整的，一侧的边缘会轻微上翘，另一侧边缘则轻微下折。

银晕是包裹核球和银盘的球状结构，分为内部银晕和外部银晕。内部银晕除恒星之外，还分布着球状星团；外部银晕是高温稀薄的气体。银晕中还存在暗物质，占银河系总质量的绝大部分。

那么我们生活的太阳系在银河系的什么位置呢？最近的观测结果显示，太阳系位于距银河系中心约 2.6 万光年、距圆盘中心平面（银盘）向北约 130 光年处。太阳系以 220 千米/秒的速度围绕银河系中心运动，运行一周需要 2 亿年。

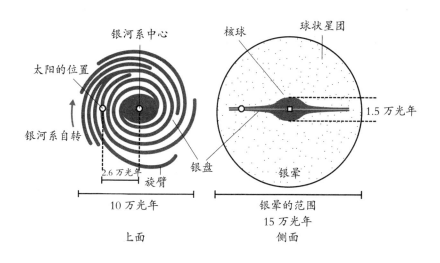

银河系的构造

◎旋涡中的星星

广泛分布在银河系中的氢气显示，银河系有旋臂。其中英仙臂和南十字臂是最主要的两条旋臂，其他还有猎户臂、船底臂、矩尺臂、外缘旋臂等。太阳系位于猎户座旋臂。旋臂中有许多分子云、HII区和疏散星团，且至今仍在持续诞生新的天体。

构成星系的各天体不会一直停留在某条旋臂上，否则随着时间的推移，旋臂间的间隔逐渐缩小，旋臂就会相互纠缠在一起，不过很少发现这种情况。实际上旋臂只能代表天体在某一特定时间点的疏密程度，个别天体会在反复进出旋臂的同时绕星系中心旋转，这被称为密度波理论。大家可以把它想象成高速公路上的堵车现象，高速公路上容易堵车的地方基本是固定不变的。一旦发生堵车，汽车无法成群移动，而个别车辆可以在拥堵的车流中穿梭。

◎星系的发现

银河系的规模和构造是如何被人类发现的呢？首次观测到银河系全貌的是赫歇耳，他为了弄清楚宇宙的整体构造，用望远镜向天空的各个方向进行观测，计算能看到的恒星的数量，然后在各种假设的基础上判定星星最多的方向是宇宙的深处，从而描绘出"宇宙"（银河系）的规模和形状。

继赫歇耳之后，人们继续用类似的方法研究银河系的规模和形状。荷兰天文学家卡普坦（1851—1922）利用详细的观测数据测定银河系的长轴约5.2万光年，长轴和短轴的长度比是5∶1，所以银河系是一个扁平的旋转椭球体。

不管是赫歇耳还是卡普坦，他们都认为太阳系处于银河系的中心附近。美国天文学家沙普利（1885—1972）认为球状星团围绕着银河系的中心，从球状星团的分布来看，太阳系反而远离银河系的中心。而且根据沙普利的数据，银河系的大小是之前估计的10倍。鉴于银河系的大小，沙普利确信"螺旋星云"和球状星团一样，都是银河系的一部分。希伯·柯蒂斯（1872—1942）延续了卡普坦的思路，他认为太阳系接近银河系的中心，银河系的规模"较小"，但"螺旋星云"应该是和银河系一样的独立的旋涡星系。直到埃德文·哈勃（1889—1953）利用造父变星推算出仙女座"大星云"与我们的距离，这场辩论才画上一个圆满的句号。他的结论是，仙女座"大星云"距离我们约 90 万光年[①]，表明这片"星云"是一个比银河系还大的"星系"。另一方面，无线电观测的结果显示太阳系并不在银河系的中心。也就是说，沙普利和柯蒂斯的观点都是一部分正确，一部分错误。

---

① 现在测量值是 230 万光年。

03 星系有哪些类型

宇宙中有无数个星系，它们姿态各异，每一个形状都是独一无二的。但我们仍然可以根据形状和亮度等特征对其进行分类。

◎哈勃分类

根据星系的外形将其分成若干组，这被称为星系的形态分类。最著名的是 1926 年哈勃提出的哈勃分类。经过几位科学家的改良，哈勃分类沿用至今。

哈勃分类首先根据星系的形状将其分成椭圆星系、旋涡星系、棒旋星系、透镜状星系和不规则星系。椭圆星系顾名思义，看起来是椭圆形的，实际上是球体或椭球体。其中年老的恒星较多，星际气体含量较少，所以很少有新的恒星形成。我们用E来代表椭圆（Elipse），根据外观的扁度将椭圆星系分为E0 ~ E7几个等级（E0几乎是圆形）。旋涡星系有核球和圆盘，圆盘内有旋臂。用S代表旋涡（Spiral），根据旋臂的松紧程度将旋涡星系分为Sa、Sb、Sc。棒旋星系是一种有棒状结构贯穿星系核的旋涡星系，用SB表示，和旋涡星系一样，也根据旋臂的松紧程度分为

SBa、SBb、SBc[1]。透镜状星系的性质介于椭圆星系和棒旋星系之间，虽然有核球和圆盘，但圆盘内没有旋臂，用符号S0表示。形状不规则，不符合前面四种星系形态的星系被称为不规则星系，用符号Irr表示。当时哈勃认为星系是以椭圆星系的形态诞生的，后又进化为旋涡星系[2]。因此在哈勃分类图中，通常是椭圆星系在左侧，旋涡星系和棒旋星系平行分布在右侧，透镜状星系则在分岔点上，这被称为哈勃音叉图。

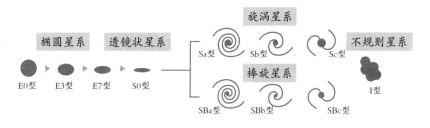

哈勃音叉图

法裔美国天文学家热拉尔·佛科留斯（1918—1995）拓展了哈勃分类法，并进一步细分星系的形态分类。首先他用SA表示旋涡星系，用SB表示棒旋星系，然后加入性质介于两者之间的SAB。另外，他还在SAc和SBc之后又加入SAd和SBd，而没有核球的旋涡星系、棒旋星系分别是Sm和SBm。其次，他还将旋臂形态分为有环状结构的r、无环状结构的s以及中间性质的rs。例如，有不明显棒状结构、旋臂缠绕松散且有环状结构的旋涡星系就表

---

① 银河系介于旋涡星系和棒旋星系之间，符号为SABbc。

② 现在该观点已被否定。

示为SAB(r)c。

规模和质量较小，亮度较暗的星系被称为矮星系。矮星系大致可以分为矮椭圆星系（符号为dE）、矮椭球星系（符号为dSph）和矮不规则星系（符号为dIrr）。

◎奇怪的星系

我们不仅可以从形状上对星系进行分类，还可以从各个星系的显著特征入手进行分类。例如有一种星系可以从中心非常狭窄的区域内发射相当于整个星系的强力电磁波，其中心区域被称为活动星系核（AGN），而拥有活动星系核的星系被称为活动星系。人们认为活动星系的能量来自星系中心的巨大黑洞。

根据中心区域的亮度和无线电波强弱变化的激烈程度，AGN又可以分为塞弗特星系、射电星系、类星体。赛弗特星系是一个中心明亮、光谱与普通星系不同的星系，主要属于旋涡星系。

具有与塞弗特星系类似的特征，但可以发射比塞弗特星系强数百倍甚至数千倍无线电波的星系被称为射电星系。几乎所有射电星系都属于椭圆星系，其中一些有超过星系自身规模的喷流和裂片。类星体是距离我们非常遥远的AGN，因为是一个看起来像恒星一样的光点，所以被称为类星体。这些天体基本上都具备相同的机制，只不过因为观测的方向不同，才出现了如此之多的差异。在类星体中，能够发出超强无线电波且时间波动较大的天体也被称作耀变体。

◎星系之间不可思议的关系

从不同角度对许多星系进行统计与研究，可以得到有关星系的性质和演化的重要信息。例如，通过观察星系整体的"颜色"可以发现：椭圆星系呈红色，而随着星系在哈勃音叉图中向右侧移动，透镜状星系、旋涡星系、棒旋星系都呈蓝色。同属旋涡星系或棒旋星系，SAc和SBc要比SAa和SBa更蓝，这也是由于哈勃音叉图从左到右的演变规律。这表明哈勃音叉图中靠右的星系在生成恒星方面更为活跃。因为蓝白色且质量大的恒星寿命更短，所以如果在一个星系中还能看到这样的恒星，说明该星系仍在不断诞生新的恒星。

　　旋涡星系具有旋转的圆盘，其旋转速度的最大值和星系的亮度（光度）之间有一定的关系。星系的光度与圆盘的旋转速度的 3～4 次方成正比，这被称为塔利-费希尔关系。椭圆星系中也存在类似的关系，星系的光度和构成椭圆星系的恒星的运动速度偏差（也叫速度弥散）的 4 次方成正比，这叫作费伯-杰克逊关系。

　　另外，椭圆星系的直径与速度弥散之间也存在比例关系。这些关系意味着星系的光度、运转速度、速度弥散、体积等表示整个星系的物理量之间都有一定的联系。诞生、成长的方式都不同的星系之间却存在着这样的联系，说明星系的演化有一个固定的方向。

04 银河系与仙女星系真的会相撞吗

在秋季的夜空中，如果天空够暗，可以凭肉眼隐约看到仙女星系。据说在遥远的未来，仙女星系将与银河系相撞，这是真的吗？

◎银女星系

仙女星系是距离银河系最近的大型星系。1921年，美国天文学家斯莱弗（1875—1969）发现它距离太阳系约230万光年，并以40万千米/时的速度向银河系靠近。这意味着45亿年后银河系会与仙女星系碰撞合并，最终成为一个星系。合并后的星系名为银女星系，由银河系和仙女星系的名称组合而成。

最新的观测成果表明，两者并不会正面碰撞，最开始可能只是飞速地"擦肩而过"，但是之后又会被彼此的引力拉回到一起，最终合并成一个巨大的椭圆星系，各自中心的超大黑洞也会一并融合。虽说是星系之间的碰撞，但构成星系的恒星却几乎不会相撞，因为星系内的恒星都离得非常远。银河系的恒星密度大概为每10立方光年就有3颗恒星。距离太阳最近的恒星是南门二（严格来说是其伴星），但是它们的距离约为4.3光年，约为太阳直径的300万倍。也就是说，假设太阳和南门二像乒乓球那么大，那它们之间的距离大约为1200千米。虽说星系的中心部分密度极高，但星系的整体结构仍然是比较稀疏的。另外，星际气体会随着星系碰撞受到压缩，导致恒星爆发性诞生。引力的作用是相互的，因此从地球上看银河系，就会发现它在逐渐变形。

那么银河系与仙女星系的碰撞合并会对太阳系和地球产生什么影响吗？正如前文所述，恒星之间碰撞的几率非常低，所以太阳和其他恒星相撞的几率几乎为零，但也可能会有部分恒星接近太阳系外缘。在这种情况下，奥尔特云可能会被扰乱，导致大量彗星侵入太阳系内部。但是银河系和仙女星系的碰撞预计发生在 45 亿年后，那时太阳应该已经膨胀并演化成红巨星，地球也会变成一颗灼热的行星，所有生命都将灭亡。

◎银河系中残留的碰撞痕迹

此前银河系是否与其他星系发生过碰撞合并呢？虽然我们认为银河系不曾与仙女星系这么大的星系发生碰撞，但应该有过吞并矮星系的经历。

历史上银河系与矮星系发生的最大规模的一次碰撞大约在 100 亿年前。与银河系发生碰撞的星系的质量相当于 100 亿个太阳，这对矮星系来说是相当大的规模。碰撞的结果是银河系的银盘大幅扩张，矮星系中的天体分散在银河系的核球和银晕中。不过，这次碰撞也会给矮星系带来一些球状星团。

有人认为银河系的银盘之所以有弯曲，也是与矮星系碰撞所致。现在在银河系周围运行的伴星系之一——人马座矮星系也被证实曾多次进出银河系的圆盘，并不断与其发生碰撞。可以推算出发生碰撞的时期大概是距今 50 亿 ~ 60 亿年前、20 亿年前和 10 亿年前，恰好与银河系的活跃时期吻合。也就是说，每次人马座矮星系与银河系发生碰撞时，银河系都会爆发性地诞生恒星，或许太阳就是这样诞生的[1]。

◎碰撞的星系

星系相撞是频繁发生的吗？刚才我们介绍过：星系中的恒星分布较为稀疏，与之相比，星系的分布则相当密集。太阳的直径约为140万千米，与距其最近的恒星南门二相隔约4.3光年（约43万亿千米），差距竟达到3000万倍；银河系的直径约为10万光年，而仙女星系到银河系的距离约为230万光年，差距只有23倍，足见星系之间有多近。

星系间的碰撞其实很频繁。实际发生碰撞的星系、残留碰撞痕迹的星系以及还没有发生碰撞但因为引力正在相互靠近的星系在宇宙中数量众多，这被称为相互作用星系。相互作用的程度各不相同，有像猎犬座的旋涡星系M51一样几乎不变形的星系；也有像乌鸦座的触须星系NGC 4038、NGC 4039一样，在引力的作用下，向对方伸出像触须一样的条状物的星系；还有像双鱼座的NGC 520一样剧烈变形的星系。玉夫座的车轮星系PGC 2248是在一个星系撞向另一个星系中央后形成的星系，大熊座的Arp 148星系也是这样的星系。

---

[1] 盖亚卫星测量了分布在银河系银盘中的恒星的运动，并在数百万颗恒星中发现了一种有特征性的运动模式，这也被认为是银河系与人马座矮星系发生碰撞的证据。

正在合并的星系 NGC 6750（左）和 IC 1179（右）

05 宇宙中有多少颗星星

生活中我们经常会用"××像天上的星星一样多"来形容数量之多，那么实际上宇宙中有多少颗星星（恒星）呢？

◎星系群和星系团

星系在宇宙中并不是均匀分布，而是成群分布。星系群是数十个星系的集合，包含数个明亮的大型星系；星系团是 1000 多个星系的集合，包含 100 多个明亮的大型星系。

银河系与仙女星系都属于本星系群。属于本星系群的大型星系只有 3 个[①]，其他都是矮星系。本星系群至少包含 50 个星系，全部星系覆盖一块直径超过 1000 万光年的区域。矮星系集中分布在银河系和仙女星系的周围，并且受引力相互牵引着。我们将这些绕大型星系公转的矮星系称为伴星系或卫星星系。银河系至少有 16 个伴星系，其中最具代表性的是大麦哲伦云和小麦哲伦云[②]。与普通的星系群相比，集中在更为狭小的区域内的星系群被称为致密星系群。典型的致密星系群的范围有几十万光年，由于星系过于密集，所以经常发生星系相撞。最早被发现的致密星系群是

---

① 银河系、仙女星系、三角座星系。

② 肉眼观察其外形像"云"，故以此命名，实际是星系。

飞马座的"斯蒂芬五重星系"①。

星系团中最为著名且距离银河系最近的是室女座星系团，距太阳系约 6000 光年。从地球可以看到 40 个超过 12 等的明亮星系，最亮的是位于星系团中心附近的椭圆星系 M87。包括暗星系，该星系团至少有 3000 个星系，而且几乎都是矮星系。

数个星系群和星系团的集合叫超星系团，其范围超过 1 亿光年。室女座星系团的周围环绕着几个星系群，构成了本超星系团，银河系所属的本星系群也是其中一员。本超星系团的成员都在向室女座星系团的方向移动（实际距离会随着宇宙的膨胀而增大）。

◎宇宙的大尺度结构

目前人们认识到本超星系团也只是更大的星系团的一部分，该星系团名为拉尼亚凯亚超星系团，其范围约为 5 亿光年。该星系团除了包含本星系群和室女座星系团的本超星系团之外，还包含长蛇-半人马座超星系团。武仙座星系团和后发座星系团不在拉尼亚凯亚超星系团的范围内。

距离太阳系约 3 亿光年的地方是后发座星系团的中心，在这里分布着范围达 5 亿光年的"星系墙"结构，被称为"长城"（Great Wall，又译为巨墙）。也就是说，虽然宇宙中有些地方密布着星系，但也存在 1 亿~1.5 亿光年的范围内几乎没有星系，被称为空洞。宇宙内存在着星系密集的星系团和超星系团，还存在着用来连接它们的丝状结构（"长城"就是一种宇宙丝状结构），丝

---

① 虽命名为五重星系，实际构成星系群的只有 4 个星系，剩下的 1 个星系只是恰好看起来同向而已。

状结构之间的区域便是空洞。空洞与丝状结构一起组成宇宙的大尺度结构，也被称为气泡结构，因为星系的分布看起来像粘在一起的肥皂泡。无数个星系构成了庞大的"宇宙网络"。

◎制作宇宙地图

通过研究星系的分布，我们就能了解宇宙的大尺度结构。想从星系的分布着手分析宇宙结构，就要彻底考察一定范围内能看到的星系的位置和到该星系的距离，这种方法叫作观察研究法。利用星系的红移来确定到该星系的距离的观测方法被称为红移勘测。

近年来规模最大的红移勘测活动之一是 2000 年开始的斯隆数字巡天（SDSS），它是使用 2.5 米口径的望远镜进行观测的红移巡天项目。该项目计划观测以北半球天空为中心的 25% 的天空，获取 93 万个星系、12 万个类星体的红移数据。根据 SDSS 等测定的数据绘制出的星系分布图，从形状上看就像两个

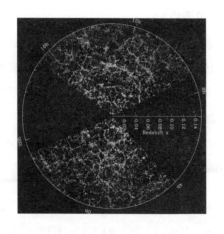

宇宙的大尺度结构（每个点代表一个星系）

组合在一起的扇形。扇形中最主要的位置是银河系，两个扇形之间完全看不到星系的区域大概就是银河系的方向。也就是说，这是一片我们无法看到的宇宙空间，因为它被构成银河系银盘的恒星、气体和尘埃所遮挡。

◎宇宙中星星的总数

那么让我们回归最初的问题，宇宙中有多少颗星星呢？

我们假设银河系中有 1000 亿颗恒星，并将银河系视为宇宙中的平均星系，然后通过星系的数量来估计宇宙中恒星的总数。最新的研究成果表明，宇宙中共有 2000 亿个星系，也就是说，宇宙中共有 1000 亿 × 2000 亿 = 200 万亿颗恒星。这只是恒星的数量，如果再加上行星和小天体，就远远不止这个数值①，而是真正的天文数字。在地球上能用肉眼观测到的恒星有 8600 颗，能在日本看到的占其中一半，也就是 4300 颗，如果能在一晚上看到一半，就是 2150 颗。大家看了这个数字，是不是稍感欣慰呢？

---

① 仅银河系就有几百亿颗行星。

06 离地球最远的天体是什么

随着天文学的发展，人类已知的宇宙空间不断扩大。那么目前人类能看到多远的天体呢？让我们来看看测量地球到遥远天体的距离的方法吧。

◎宇宙距离阶梯

地球到恒星的距离可以利用周年视差来计算，但是恒星的视差很小，只能用于测量几千光年内的距离。银河系的直径约 10 万光年，这样一来，不仅难以测定到其他星系的距离，就连测定银河系内的距离都很困难。这时人们首先想到的是利用"恒星的颜色"来解决远距离测距的问题。恒星的颜色（光谱型）与绝对星等之间存在一定的关系，详细调查恒星的光谱就可以得出该恒星的绝对星等，通过比较该恒星的光度与绝对星等，又可以计算出地球到该恒星的距离，这种计算方法叫作分光视差法。

地球到分布在银河系周围的球状星团和银河系附近星系的距离，可以利用一种脉动变星、天琴座RR型变星和造父变星来计算。通过观测太阳系附近的变星并得出其光度与周期的关系，将这种关系应用于球状星团和附近星系内发现的同种变星，我们就能求出到这些天体的距离。距离太阳系 1 亿光年左右的天体，可以利用脉动变星来计算距离。

如果要计算到更远处的星系的距离，则可以利用Ia型超新星。通过对附近出现的Ia型超新星的观测可知，它们的绝对星等是相同的，因此只要知道出现在远距离星系中的Ia型超新星的亮度，将其与绝对星等比较，就可以求出地球到该星系的距离。Ia型超新星的亮度足以匹敌整个星系，这使测量地球到100亿光年之外的星系的距离成为可能，但是如果星系内没有超新星，就无法测量距离。

测量非常遥远的天体到地球的距离需要用到红移。由于宇宙空间的膨胀，来自远方天体的光的波长延长，光谱中的吸收谱线向红色偏移。这就是宇宙学红移，红移的大小用z表示。哈勃对距离已知的星系的观测结果表明，z越大，该天体就越远①，例如造父变星。

像这样将周年视差→分光视差→脉动变星→Ia型超新星/红移等不同测距方法连接起来，求得地球到遥远天体的距离的方法被称为宇宙距离阶梯。

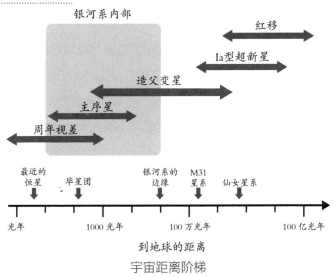

宇宙距离阶梯

------

① z＝1 的天体距离约为 75 亿光年。

◎宇宙尽头的天体

那么目前发现的最遥远的天体在多少亿光年之外呢？截至 2020 年 7 月 1 日，最遥远的天体是大熊座的 GN–z11 星系，正如它的名称所示，其红移 z 的大小是 11.09 ≈ 11，距太阳系约 134 亿光年。GN–z11 的大小为银河系的 1/25，质量仅为银河系的 1/100，但其内部恒星的诞生比较活跃，诞生速度是银河系的 20 多倍。单颗恒星距离最远为 z = 1.5（距离 90 亿光年）。

距离我们非常遥远的天体会随着宇宙膨胀发生红移，所以大多数非常遥远的天体在红外线下比在可见光下更明亮。作为哈勃太空望远镜的继任者，2021 年发射的詹姆斯·韦伯太空望远镜已正式投入使用，或许我们可以期待发现更多更遥远的星系。

◎星空是时光机

目前为止我们介绍的天体到地球的距离都可以用红移计算得出，也就是天体发出的光到达地球前在宇宙空间内行走的距离，这叫作光行距离。但是宇宙一直在膨胀，光离开天体之后，该天体也在持续远离地球，也就是说，光行距离不能代表地球到天体的实际距离（固有距离）。例如地球到 GN–z11 的光行距离是 134 亿光年，但固有距离为 320 亿光年[①]。

光速是有限的，约为 30 万千米/秒，所以用光年表示的距离在数值上等于光从天体发出后到达地球所需的时间。也就是说，134 亿光年远的星系实际是 134 亿年前宇宙中的星系。如果宇宙是在

---

① 除非是非常遥远的天体，否则光行距离和固有距离的差距不会很大，例如位于银河系中心区域的天体和位于银河系附近的天体，我们都可以认为它们的光行距离等于固有距离。

138 亿年前诞生的，那该天体就存在于宇宙诞生的 4 亿年后。在宇宙中，看到的距离越远，其实代表经历的时间越长。

如果是距离地球约 1.5 亿千米的太阳，那我们看到的是它 8 分钟前的样子；如果是距离地球约 25 光年的天琴座织女星，那我们看到的是它 25 年前的样子；如果是距离地球约 230 万光年的仙女星系，那我们看到的是它 230 万年前的样子。利用这一点，我们可以调查宇宙的过去。通过寻找更遥远的天体并对其进行详细观察，我们可以更了解宇宙初生时的样子；通过对不同距离的星系进行详细比较，就可以弄清楚宇宙是如何发展成现在这个样子的，也就可以进一步探究宇宙和星系的演化过程。

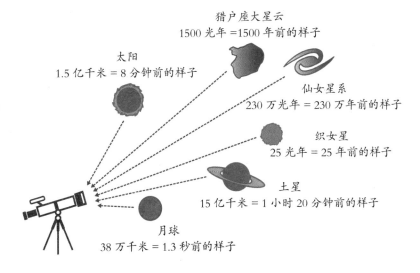

看远方就是在看过去

07 宇宙仍在不断膨胀吗

> 在思考宇宙的有限性和起源时，我们首先要了解"宇宙正在膨胀"这一事实。那么我们是如何发现并证实宇宙正在不断膨胀的呢？

◎遥远的星系

20世纪初期，美国天文学家斯莱弗发现了"旋涡星云"（即旋涡星系，当时人们还未意识到这个天体是银河系之外的星系）有较大的红移。如果红移是多普勒效应导致的，那么可以说明这些"旋涡星云"正以每小时几百万千米的速度快速远离地球（此处的速度被称作退行速度）。

哈勃揭示了许多"旋涡星云"远离地球的原因。他通过观测"仙女座大星云"（仙女星系）中的造父变星测量我们与"旋涡星云"的距离，证实"仙女座大星云"是一个类似银河系的大星系。他又利用造父变星测距法测算出我们与其他"旋涡星云"的距离，查明这些星云实际上都是星系。之后哈勃将自己测算出的旋涡星系的距离与斯莱弗测算出的星系退行速度相比较，得出"距离银河系越远的星系退行越快"的结论。也就是说，遥远星系的退行速度与它们和地球的距离成正比，这就是著名的哈勃定律。所以不是星系单独在移动，而是星系所处的宇宙本身在膨胀。

另外，星系光谱的红移现象经常被认为是多普勒效应造成的，但这种说法完全错误。不是因为星系在运动，而是因为天体发出的光在到达地球前经过的空间，也就是光的媒介发生了膨胀导致光波延长。前者是运动学上的红移，后者是宇宙学上的红移。

因为宇宙膨胀理论是 1927 年比利时天文学家勒梅特（1894—1966）提出的，所以IAU将哈勃定律重新命名为哈勃-勒梅特定律。

◎加速的宇宙膨胀

宇宙空间膨胀的速度是固定的吗？充满物质的宇宙以前被认为正处于减速膨胀阶段，其膨胀的速度会随着时间的推移逐渐降低。因为物质具有一定的质量，重力会使膨胀减速，最终变成匀速运动或相反地进入宇宙收缩阶段。

但是到了 1998 年，人们改变了看法，认为宇宙仍处于加速膨胀阶段。将根据Ia型超新星求出的星系距离与星系红移数据结合，就可获知宇宙时代与膨胀速度的关系。结果显示，宇宙在诞生后经历了一段时间的减速膨胀，然后在大约 60 亿年前突然转为加速膨胀。

那么宇宙加速膨胀的原因是什么呢？针对这一点，人们提出的理论之一是宇宙中充满了与普通物质性质不同的能量——暗能量。

暗能量会产生一种将物体分开的力（斥力），而不是引力。最新观测结果显示，暗能量占宇宙组成的 69%（剩余的 31%中，暗物质占 26%，元素等普通物质仅占 5%）。

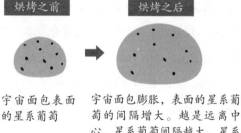

烘烤之前　　　烘烤之后

宇宙面包表面　宇宙面包膨胀，表面的星系葡
的星系葡萄　　萄的间隔增大。越是远离中
　　　　　　　心，星系葡萄间隔越大。星系
　　　　　　　葡萄的大小没有发生变化。

红移

宇宙膨胀模拟图与红移

　　暗能量究竟是什么目前还没有结论，它可能是一个宇宙常数。

　　爱因斯坦在广义相对论中提出的引力场方程只能解释宇宙的膨
胀与收缩，但不能得出一个既不膨胀也不收缩的"静态"宇宙，于
是他在方程中加入了宇宙常数。

　　当爱因斯坦得知哈勃通过观测证实宇宙正在膨胀后，他坦率地
承认在方程中加入宇宙常数是他"一生中最大的错误"。但是 90 年
后，宇宙常数又"复活"了，还被用来论证宇宙的加速膨胀。

◎宇宙的膨胀到处都一样吗

　　宇宙膨胀随着时间推移从减速转为加速，那么各个方向上的膨
胀速度一致吗？

　　当前的宇宙学研究建立在宇宙"各向同性"的基础上。宇宙的

各向同性指"宇宙虽然存在局部差异，但从大尺度上看，整个宇宙会在各个方向上都表现出相同的性质"。也就是说，宇宙的膨胀速度在各个方向上是一致的。

不过也有人指出，宇宙在各个方向的膨胀并不一致。从 2020 年以 X 射线观测星系团的结果来看，宇宙的膨胀速度在各个方向上不一致的可能性更大。如果这个观点是正确的，那宇宙学的前提将不再成立。

那么是什么使宇宙的膨胀速度在各个方向上有所差异呢？罪魁祸首很可能是暗能量。由于我们还不清楚暗能量的真面目，因此在这里只能说不知道了。

08 宇宙是如何诞生的

我们生活的宇宙是从何开始的？过去人们用神话和宗教来回答这个问题，但今天我们将用科学来解答。

◎一切都从一个点开始

人们明确宇宙在不断膨胀之后，就意识到无论是在空间还是时间层面，宇宙都不是无限的。宇宙随着时间膨胀意味着过去的宇宙比现在的要小。我们不断回溯，宇宙就会越来越小，直到缩为一个点。如果宇宙中物质的量没有改变，那么宇宙越小，密度就越高。人们开始思考宇宙会不会是从一个超高密度、超高温的状态开始的呢？这一理论被称作大爆炸宇宙论，由美国天文学家伽莫夫（1904—1968）等人提出。

现在有人提倡宇宙膨胀理论，主张在大爆炸发生前宇宙会急速膨胀。根据这一理论，刚诞生的宇宙会在极短的时间内被"真空能量"放大到难以想象的大小，"真空能量"比现在使宇宙加速膨胀的暗能量要大得多。打个比方，它就像病毒瞬间变得比星系团还大。正如空气迅速膨胀时温度会下降一样，宇宙也会因膨胀而冷却到绝对零度（−273 摄氏度）。然后空间的性质会发生变化[1]，导致宇宙

---

① 与气体变成液体和固体一样，被称为相变。

膨胀的能量以热的形式释放出来，宇宙就会变成超高温状态。人们认为宇宙大爆炸就是这样开始的。单从文字上来看，宇宙大爆炸通常会被认为是一种爆炸现象，其实它指的是宇宙变成超高温、超高密度的状态。

那么膨胀前的宇宙是什么状态的呢？又为什么会开始膨胀？这些问题目前为止还没有明确的答案。

没有时间、空间和物质，只有能量存在的状态被称为"无"，宇宙可能是在这样的状态下诞生的。虽然没有经过实际观测，但宇宙膨胀理论是解释宇宙诞生时各种问题的有力支撑。关于宇宙的起源，还有很多尚未解开的谜题。

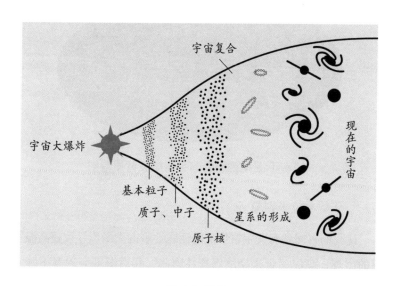

宇宙的进化

◎宇宙大爆炸的"化石"

根据大爆炸宇宙论，宇宙在超高温时期发出的光（热辐射）应该能被观测到才对。随着宇宙的膨胀，光的波长应该会被延长，转化成现在的微波并从宇宙的各个方向发射到地球，这被称为宇宙微波背景辐射（CMB）。伽莫夫和皮布尔斯（1935—）等人预言了CMB的存在，1964年彭齐亚斯（1933—）和威尔逊（1936—）偶然发现了它的存在。根据后来的观测结果可知，CMB是温度为2.7开的黑体辐射，所以它也是大爆炸宇宙论的有力证据。

探测卫星的调查结果显示，位置不同，CMB的温度也会发生极其细微的变化。这种温度波动体现了CMB发出时宇宙中物质的密度波动。这种密度波动后来被认为是宇宙大尺度结构的"种子"。

WMAP卫星观测到的宇宙微波背景辐射

◎从基本粒子到原子

让我们再回到有关宇宙形成的话题。宇宙大爆炸导致超高温宇宙的出现，高温又带来持续爆炸性膨胀，然后温度会逐渐下降。宇宙大爆炸开始0.000001秒后，温度跌至100万亿开。在这一阶段，宇宙内充满了夸克、电子、中微子、光子等基本粒子。

宇宙大爆炸开始0.0001秒后，温度跌至10万亿开。然后夸克每3个1组结合成质子和中子。结构最简单的元素——氢的原子核只有 1 个质子，所以此时氢的原子核就诞生了。宇宙的温度在大爆炸开始 3 分钟后降为 10 亿开。这时 2 个质子和 2 个中子结合，形成氦的原子核。恒星的基本材料是氢和氦，所以在宇宙大爆炸最初的 3 分钟内，构成当今宇宙的原始物质就已经全部生成了。

在这一阶段，电子尚且处于在宇宙空间内四处飞散的状态。光子与四散的电子互相碰撞，无法直线前行。也就是说，此时我们无法一眼望到远处，宇宙就像雾一样是不透明的。大爆炸开始 37 万年后，宇宙的温度终于降到 3000 开。于是氢和氦的原子核开始俘获电子成为原子。没有了阻碍的光子一路直行，宇宙也终于露出全貌，这一过程被称为"宇宙复合"。此时能够直行到达地球的光就是CMB[①]。

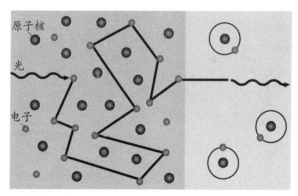

右侧是宇宙复合后，电子被原子核俘获，光得以直行的状态。

宇宙复合

◎宇宙的第一颗恒星

复合后的宇宙飘浮着氢气等气体云，一片漆黑，这种状态一直持续到宇宙的第一颗恒星诞生。恒星诞生前的那段时间被称为宇宙的黑暗时代。

第一颗恒星是何时诞生的，又是如何诞生的，至今还是未解之谜。但是我们可以确定的是，诞生 4 亿年后的宇宙已经有星系存在，所以第一颗恒星应该也是这个时期诞生的。虽然我们还不清楚它的具体形态，但随着我们对遥远星系的持续探索，揭开它神秘面纱的一天也不会很远了。

另外，在第一颗恒星和随后诞生的恒星发出的紫外线的作用下，充满宇宙的氢气等气体被再次电离，这被称为"宇宙再电离"。

09 人类是"星星的孩子"吗

> 我们的身体是由多种元素共同构成的。然而宇宙刚诞生时，只存在氢和氦。那么构成我们身体的元素是从哪里来的呢？

◎构成我们身体的元素

元素构成了我们周围的世界[1]。空气主要由氮和氧组成，构成地面的岩石主要由硅组成。那么我们自己是由什么元素组成的呢？

我们将组成人体的主要元素按质量百分比从高到低排列，依次为：氧、碳、氢、氮、钙、磷。氧含量最多是因为人体的60%～70%是由水构成的。

碳、氢、氮是人体必需的蛋白质和脂肪的构成元素。钙和磷是骨骼及牙齿的主要成分磷酸钙的构成元素。这6种元素占人体的98.5%，也被称作常量元素。

其次含量较多的就是硫、钾、钠、氯、镁，它们占人体的0.9%。除此之外，人体内还存在0.001%（1ppm[2]）～0.01%的微量元素[3]和不足1ppm的超微量元素[4]。

---

[1]　暗能量和暗物质的数量在宇宙组成中占压倒性优势，此处我们暂且忽略这一点。

[2]　ppm 就是百万分之一。——编辑注

[3]　铁、氟、硅、锌、锶、铷、溴、铅、锰、铜。

[4]　铝、镉、锡、钡、汞、硒、碘、钼、镍、硼、铬、砷、钴、钒。

也就是说，人体中现已确认的元素有 35 种。

◎因恒星诞生和死亡而出现的元素

刚诞生不久的宇宙内只有氢和氦，那组成我们身体的元素又从何而来呢？实际上很多元素的出现都伴随着恒星的诞生和死亡。

恒星的中心区域发生核聚变，产生能量后发光。氢发生核聚变后生成了氦，中心区域的氢耗尽后生成的氦又会继续发生核聚变，进而生成碳和氧。质量不足太阳 8 倍的恒星无法继续进行核聚变，随后恒星会转变为红巨星，外层被吹散变成行星状星云，生命就此结束。中途会发生 s-过程，即原子核"慢慢地"捕获中子发生 β 衰变[①]，合成锶和铅等重元素。这些元素以行星状星云的形式四散在宇宙中。

质量是太阳 8 倍以上的恒星，可以进一步发生碳和氧的核聚变，生成镁和铁等元素。但是铁是最稳定的元素，无法进一步发生核聚变。最终伴随着被称为超新星爆发的剧烈爆炸，恒星将迎来自己的死亡。此时形成了硒、铷等比铁稍重的元素，各种元素作为超新星残骸在宇宙空间内四散。在宇宙空间内扩散的气体终于在某种契机下再度集结，形成新的恒星。恒星的生命就这样循环往复，元素也随之在广阔的宇宙内流转。

---

① 中子放出电子成为质子的反应。

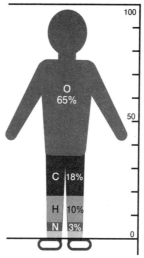

人体的元素含量占比（质量比）

　　太阳系由几代恒星死亡后形成的富含重元素的气体构成。从此岩石行星——地球诞生了，然后又诞生了生命，进化出了人类。组成我们身体的元素几乎全部来源于恒星内部，从这一角度来看，我们的确可以说是"星星的孩子"。

晚期恒星内部元素分布示意图

◎其他元素的起源

以前人们认为几乎所有重元素都是在恒星内部的s-过程和超新星爆发的作用下合成的。但仅仅一部分重元素的合成是由于恒星内部的s-过程和超新星爆发，还不足以解释宇宙中元素的丰富性。那么其他元素究竟是如何生成的呢？答案就是Ia型超新星和中子星碰撞合并时发生的r-过程[①]。

如此一来，宇宙中大多数元素的起源都得到了解释，但是元素合成规律还没有完全明晰。

在众多元素中，由特殊方法合成的是铍和硼。这两种元素在核聚变过程中生成后立刻转化为其他元素。因此，虽然是轻元素，它们却并非在恒星内部生成，而是由星际气体中含有的碳、氮、氧的原子核被高能量宇宙射线破坏后合成的。

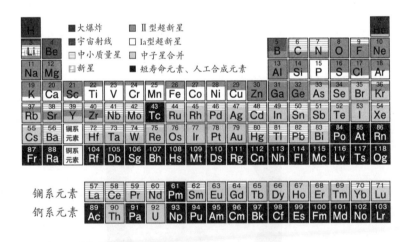

根据元素起源进行分色的元素周期表

---

① 原子核"快速地"捕获中子发生β衰变。

10 宇宙未来会变成什么样

> 未来有什么样的命运在等待着宇宙呢？宇宙会继续膨胀吗？如果继续膨胀，会发生什么呢？如果停止膨胀，又会发生什么呢？对于宇宙的未来，人们充满了疑问。

◎回到一个点

宇宙大爆炸以来，宇宙的膨胀仍在继续，但人们认为当宇宙中物质的质量大于某个值，宇宙自身的重力将克服膨胀的力从而开始收缩。从某种意义上来说，宇宙将回溯历史，随着它的收缩，物质的密度增加，温度上升，宇宙将变回宇宙大爆炸时那个超高温、超高密度的一点，这被称作宇宙大挤压。

迎来大挤压的宇宙会变成什么状态，又会如何发展呢？很遗憾，现代物理学还无法解释这些问题。也有人提出循环宇宙论，也就是说，他们认为宇宙会再次开始膨胀，然后在某个时刻又开始收缩……陷入这样的无限循环。

现在宇宙正在加速膨胀。这意味着与引力相比，斥力占优势。只要这种状态还在持续，宇宙就不会停止膨胀开始收缩。根据最新的宇宙论，宇宙不太可能以大挤压的形式终结。

◎变冷的宇宙

人们设想持续膨胀的宇宙未来可能会有两种结果。第一种是宇宙的加速膨胀减弱，宇宙缓慢而持续地膨胀下去。

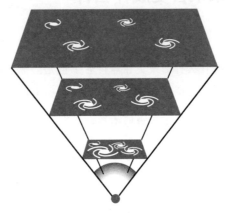

宇宙大挤压示意图（时间发展顺序为自上而下）

现在的宇宙中，恒星从主要成分是氢的气态云中诞生，在中心区域发生核聚变后发光并最终迎来死亡。构成恒星的大部分氢都没有被消耗，而是扩散到宇宙中，再次聚集形成新的恒星。随着一颗恒星的反复演化，氢最终会被耗尽，不会再诞生新的恒星。

白矮星、中子星和黑洞等恒星的"残骸"不断增加，最终连剩余的恒星都将失去光芒，宇宙将变成一个在我们眼中一片漆黑的空间，没有任何天体闪耀着可见光。

星系中心的超大质量黑洞通过吸收周围的气体和其他黑洞来不断成长，最终整个星系都会变成一个黑洞。星系团内的超大质量黑洞之间也会互相吸引进而重复地发生碰撞合并，最终整个星系团也会变成一个黑洞。但是对于比星系团更大的结构来说，宇宙膨胀会导致它们互相远离的速度加快，不会进一步合并。换句话说，宇宙是一个散布着超大质量黑洞的空间，这些黑洞会随着宇宙的膨胀互相远离。

实际上，黑洞在吸收物质和光的同时，也在与其质量相对应的温度下发射电磁波（黑洞辐射）。如果黑洞周围的宇宙空间的温度比黑洞本身的温度要低，黑洞就会"蒸发"。随着宇宙的膨胀，温度不断下降，最终超大质量黑洞也将蒸发。

但如果是质量为太阳 100 亿倍的黑洞，其蒸发所需的时间为 10^{80} 年，这是一个庞大的数字。

经过难以想象的超长时间后，持续膨胀的宇宙的温度下降到极低温，此时就连黑洞都会消亡，整个宇宙变成只有超低能量的光（光子）相互交错的世界，这被称作宇宙大冷寂。

◎被撕开的宇宙

那么，如果持续加速膨胀，宇宙未来又会变成什么样呢？

如果宇宙膨胀的速度越来越快，现在只会使星系之间的距离变大，以后可能会导致星系本身分崩离析。宇宙膨胀的影响最终会波及恒星和其他天体，甚至原子。宇宙内的一切都将被撕裂，这就是宇宙大撕裂。

宇宙大冷寂的前提是宇宙虽然持续无限膨胀，但整体是有限的。宇宙大撕裂指的则是在有限时间内宇宙整体无限膨胀。未来宇宙究竟会走哪条路呢？宇宙是否会继续膨胀并呈指数级扩展？这些都取决于暗能量的密度。

最新的观测结果显示，大撕裂不太可能发生，至少 1400 亿年内不会发生。

但是观测也会有很大的误差，宇宙的将来会如何还没有定论。虽然对我们人类而言，可能是和我们关系不大且过于遥远的话题，但一想到宇宙的未来，总感觉无法安心入睡。

第六章

面向宇宙的挑战
——天文学和空间开发

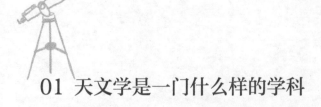

01 天文学是一门什么样的学科

天文学是最古老的学科之一。天文学涉及宇宙万物的起源、演变、性质和结构。那么人类是从何时起对此产生兴趣并进行研究的呢？

◎ "我们从哪里来？" "我们到哪里去？"

人类为什么仰望天空，对着宇宙思绪万千呢？天文学是如何开始的，又是为何开始的？前文介绍了天文观测的动机，但天文学并不限于历法、测量等实际应用。

大家都知道法国画家保罗·高更吧？他的代表作之一《我们从哪里来？我们是谁？我们到哪里去？》，在我看来仅仅用一句话就揭示了天文学的目的和意义。也就是说，宇宙是如何诞生的，地球是如何被创造出来的，生命是如何出现的，宇宙未来会发生什么……天文学就是用科学回答此类疑问的学科。

自古以来，人类一直在苦苦探求自身存在的理由，哲学、艺术、宗教以及科学（天文学）都给出了相应的答案。经常会有人问"天文学有什么用？"，我想说，天文学有助于培养个人乃至全人类的世界观（宇宙观），满足人类想要了解自身生存的世界的基本愿望。

高更的代表作《我们从哪里来？我们是谁？我们到哪里去？》

◎古代宇宙观

随着文明的诞生，人类开始通过观察身边的事物或现象，推测自己生存的世界（宇宙）是如何出现的，又是什么形态的。在许多文明中，人们认为世界的起源与它的形态有关。虽然现在大多数人都知道宇宙空间是"地球外的天体所在的空间"，但在过去"宇宙"与"世界"是同义词。中国西汉时期的作品《淮南子》中曾有这样的描述："往古来今谓之宙，四方上下谓之宇"，由此可见当时的"宇宙"一词涵盖了时间和空间两个概念。

所有神话都从世界初始即宇宙诞生的故事开始，展现出独特的宇宙观。比如在古埃及的一则神话中，大地男神盖布漂浮在原初之水努恩之上，上方的空气之神舒举起了天空女神努特。太阳神乘船划过天空，沉入地平线后换乘其他驳船前往地下河流，日日往复。当男神盖布和女神努特正要结合时，父神舒将他们拉开，并将盖布放在地上，将努特送上天空，因而分出天和地。

现在看这种宇宙初始的神话故事和宇宙观或许不够科学，但已经是当时的人们对太阳、月亮和星星的运动进行观察，并在力所能及的范围内对世界进行调查后得出的结论。从这一层面来看，可以说它们与天文学本质上是相通的。

古埃及的宇宙观

◎ 从神话到科学

随着文明的发展，科学也在不断进步。古希腊出现了多位哲学家，他们试图脱离神话解释世界的起源，比如亚里士多德提出地球是由土、水、风、火四种元素构成，地球以外的天体由第五元素——以太构成。但是他并没有对宇宙的开始做出设想。

公元前3世纪—公元前1世纪，基于观测的古希腊天文学蓬勃发展，比如喜帕恰斯定义了恒星的亮度。公元前3世纪，阿里斯塔克提出了地球绕太阳公转的日心说，比哥白尼还早。2世纪，托勒密著有《天文学大成》，该著作采用亚里士多德的宇宙论，认为地球是宇宙的中心，太阳和行星绕地球运动（地心说）。

3—4世纪，基督教成为罗马帝国的国教，他们主张宇宙是由神创造的，于是符合基督教教义的亚里士多德地心说稳固了地位，欧洲的自然科学因此停滞不前。

　　《天文学大成》自9世纪以来就受到伊斯兰文化圈的推崇，但有些科学家指出复杂的托勒密体系在物理上根本不成立。从12世纪开始，古希腊天文学知识从伊斯兰教"再输入"到基督教。到了16世纪，哥白尼提出日心说，而且有伽利略的观测数据提供有力支撑。1655年，牛顿发现万有引力定律，成功用一个物理定律统一解释了天地万物。至此，宇宙观得以由科学来构建并延续至今。

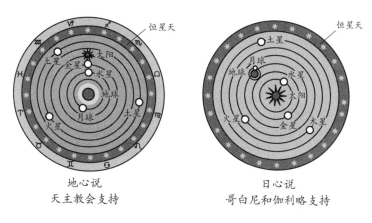

地心说
天主教会支持

日心说
哥白尼和伽利略支持

托勒密的宇宙观（左）和哥白尼的宇宙观（右）

02 第一个用望远镜观星的人是谁

> 望远镜拉近了人类与天体的距离。用望远镜观测天体，我们可以看到用肉眼看不到的天体的真面目。

◎望远镜的发明和伽利略的天文观测

古罗马时期人们就意识到凸透镜可以放大物体。1608 年，荷兰眼镜商汉斯·利伯希将凸透镜组合在一起，制成了世界上第一个望远镜。

望远镜被发明的消息马上传到了欧洲各地，伽利略得知后也开始自制望远镜观测月球、行星和其他天体。他是第一个将观测结果进行详细描绘并发表（出版）出来的人。

通过观测，他发现月球表面不是光滑的，而是凹凸不平的，布满陨石坑和山脉；金星会有圆缺；有 4 颗卫星围绕木星运行[①]；银河系是星星的集合。伽利略的发现使人们更加确信日心说的科学性，从而改变了当时的宇宙观。望远镜的出现，使人们可以用肉眼观测到更广阔的宇宙。

◎折射望远镜和反射望远镜

利伯希和伽利略制作的望远镜是由两枚透镜组合而成的折射望

---

① 这 4 颗卫星至今仍被称作伽利略卫星。

远镜。折射望远镜有两种类型，一种是凸透镜（物镜）和凹透镜（目镜）组合而成的伽利略望远镜，还有一种是两枚镜片都是凸透镜的开普勒望远镜。现在使用的折射望远镜大多都是视野更加广阔的开普勒望远镜。

根据光的波长（颜色）的不同，光的折射率会发生变化，所以用折射望远镜观测到的天体会存在一定的分色现象（色差）。透镜到焦点的距离越远，色差就越小，因此 17 世纪人们曾制作出巨大的望远镜，1729 年又发明了消除色差的透镜。为了减少色差，人们现在通过组合各种透镜制成可以控制色差的折射望远镜。

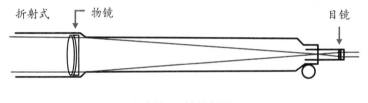

折射望远镜的结构

1668 年，牛顿利用凹面镜发明了反射望远镜。当时发明反射望远镜只是为了解决折射望远镜的色差问题，但是后来人们发现，要制作大口径的望远镜，反射式比折射式更容易，因此反射望远镜逐渐成为主流望远镜。

反射望远镜有几种类型，牛顿发明的望远镜被称为牛顿望远镜，其原理是光线经凹面镜反射后再通过平面镜改变方向到达目镜。另一种是卡塞格林反射望远镜，它用凸面镜取代平面镜，公共天文台的大型望远镜大多是这种类型。卡塞格林反射望远镜又分为施密特–卡塞格林式和R–C式反射望远镜[1]。

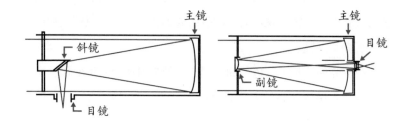

主镜　　　　　　　　　　　　　　主镜

斜镜　　　　　　　　　　　　　　　目镜

副镜

目镜

反射望远镜的结构（左侧是牛顿式，右侧是卡塞格林式）

◎ 不断发展的望远镜

随着时代的发展，望远镜也变得越来越大型、高性能。例如，主镜作为反射望远镜的心脏，最初使用的不是玻璃镜而是金属镜。金属镜会在较短时间内变模糊，必须定期打磨，为此人们发明了镀金属镜。19世纪，人们发明了给玻璃镀银的镜片，之后镀金属的玻璃镜片就成为主流主镜镜片。现在反射望远镜的主镜不再镀银，而是镀铝[2]。

让我们跟随望远镜的发展史来回顾天文学的成果。

伽利略用自制的望远镜观测到土星，但并没有发现土星外围的土星环。第一个确定土星被土星环包围的人是荷兰天文学家克里斯蒂安·惠更斯（1624—1695），发现时间为1656年，当时他使用的望远镜长37米。

赫歇尔也自制反射望远镜，并于1778年用口径16厘米的望

---

① 日本引以为傲的口径8.2米的昴星团望远镜也是R–C式望远镜。

② 也有使用金的红外线望远镜。

远镜发现天王星，之后又用口径47.5厘米的望远镜调查全天的星星数量，并据此绘制宇宙地图。1847年，爱尔兰天文学家威廉·帕森斯（1800—1867）制作了口径1.8米口径的望远镜，观测到很多星云和星系，并首次发现星系的旋涡结构。帕森斯使用的望远镜是最大的带金属镜的反射望远镜，它是1917年以前世界上最大的望远镜①。

1893年，美国芝加哥召开的万国博览会上展出一款口径102厘米的折射望远镜（只有镜筒）。1897年，该望远镜被安装在美国芝加哥的叶凯士天文台上。这台望远镜至今仍是世界上最大的折射望远镜。1917年，美国威尔逊山天文台建成当时世界上最大的反射望远镜（胡克望远镜），口径达2.5米，哈勃利用该望远镜观测到"仙女座大星云"是位于银河系外的星星集合"星系"。1948年，美国帕洛马山天文台建成口径5米的反射望远镜（海尔望远镜），它在之后30多年内都是世界上最大的望远镜。就这样，望远镜一直与天文学的发展保持着相同的步调，而且尺寸不断扩大。

① 因其巨大而得名"帕森斯城的利维坦（怪物）"。

03 昴星团望远镜的"视力"比人眼强大 1000 倍吗

> 望远镜自发明以来，就在巨大化的道路上一往直前。在望远镜的支持下，天文学也在不断发展。那么将望远镜巨大化的好处是什么呢？

◎将望远镜巨大化的原因

发明望远镜不是为了让天体看起来更大，而是为了将遥远天体发出的微弱光线聚集起来以便观测。望远镜的目镜或主镜主要承担聚光的任务，物镜虽然起到放大天体的作用，但如果不能汇聚足够的光线，那么无论怎么将天体的成像放大，都会因为成像太暗或模糊而无法看清。望远镜聚光的能力被称为集光力，口径越大，集光力越强。远处的天体或近处的小天体，都会因过暗而难以观测，但要揭开宇宙的奥秘，就必须对这些天体进行观测，因此要制造巨型望远镜。

另外，口径越大，辨别天体精细结构的能力，即分辨率（清晰度）就越高。比如观测双星，看到的是分开的两颗星，还是连成的一颗星？答案是，在相同倍率下，观测结果会因为口径大小有所差异。为了能更详细地观测天体，当然分辨率越高越好。望远镜的分辨率相当于人的视力，世界上最大口径的日本昴星团望远镜的"视力"比人眼强大 1000 倍①。

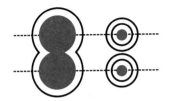

用小口径观测　　用大口径观测

观测同一双星时，大口径的星像更清晰，可以明显分辨出两颗星

望远镜的口径和分辨率

◎世界上最大的望远镜

那么目前已知的最大的望远镜有多大呢？1948 年建成的海尔望远镜是往后 30 年里世界上最大的望远镜。1976 年，苏联建成口径 6 米的经纬台式大型望远镜（BTA），但因为技术缺陷，性能并不是很理想。直到 20 世纪 90 年代，才出现口径大于 8 米的望远镜，首先是 1993 年完成的美国凯克望远镜I（口径 10 米），随后是 1996 年的凯克望远镜II（口径 10 米），1998 年欧洲南方天文台的甚大望远镜 1 号"安图"（VLT1：口径 8.2 米），1999 年美国的北双子望远镜（口径 8.1 米）和日本的昴星团望远镜（口径 8.2 米）。

截至 2020 年 7 月，世界上最大的望远镜是美国大双筒望远镜（LBT），同一架台可以安放 2 台口径 8.4 米的反射望远镜，其集光力与口径 11.8 米的望远镜相当。西班牙的加那利大型望远镜（GTC）口径达 10.4 米，是单筒望远镜中口径最大的反射

---

① 可以从东京看到富士山顶的乒乓球。

望远镜。

但是制作如此巨大的望远镜在技术层面极为困难，因此近年来大型望远镜的主镜几乎都采用多枚镜片组合而成的拼接镜片。在采用单片镜的望远镜中，尺寸最大的还是日本的昴星团望远镜。

望远镜巨大化的进程并没有就此止步，现在世界各地都在进行建造超大型望远镜的计划，比如美国、澳大利亚和韩国合作的巨型麦哲伦望远镜（GMT）计划；加拿大、日本、中国和印度合作的 30 米望远镜（TMT）计划。GMT是口径 24.5 米的反射望远镜，位于智利的拉斯坎帕纳斯天文台。TMT是口径 30 米的反射望远镜，位于美国夏威夷莫纳克亚山的山顶附近。欧洲南方天文台也在智利的阿塔卡马沙漠建造了一组口径 39 米的欧洲极大望远镜。以上所有在建望远镜都预计于 21 世纪 20 年代后期正式投入观测，到 21 世纪 30 年代，我们就能看到利用这些大型望远镜拍摄的未知的宇宙风采。

◎组合望远镜

除了增大望远镜的尺寸之外，现在还广泛使用一种叫干涉仪的技术，可以将多台望远镜组合成一个大型望远镜。干涉仪利用多台不同位置的望远镜同时观测天体，并将得到的数据结合起来，相当于将这些望远镜之间的距离视作一个大型望远镜的口径，得到的数据正是由这台"大口径"望远镜观测得来，因此清晰度极高。

干涉仪还广泛用于无线电观测。安装在智利阿塔卡马沙漠的阿尔玛望远镜由 66 台射电望远镜（口径为 12 米和 7 米）组成，分布范围最远可达 16 千米，相当于东京的山手线，具有口径 16 千米的射电望远镜的分辨率，也就是说，能从东京看清位于大阪的 1 元硬币。阿尔玛望远镜被用于观测恒星和行星系的诞生地以及宇宙早期的星系，并不断发表重要成果。2019 年 4 月，成功拍摄到 M87 星系中心黑洞"阴影"的事件视界望远镜，是由南极、南北美、欧洲等全球各地的射电望远镜组成的射电干涉仪，可以说是地球大小的射电望远镜。

除此之外，还有由光学望远镜组成的光学干涉仪，比如欧洲南方天文台的甚大望远镜。它由 4 台口径 8.2 米的反射望远镜组成，相当于口径 130 米的望远镜。

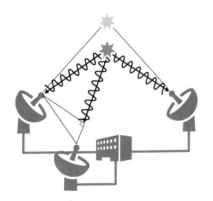

用多台望远镜同时观测同一天体时，不同望远镜观测到的天体发出的无线电波的到达时刻会有差异，利用该差异就能得到高分辨率的图像

干涉仪的原理

04 为什么要向太空发射望远镜

从哈勃太空望远镜开始，现在有很多太空望远镜都在积极发挥着作用。为什么要特意将望远镜发射到太空呢？让我们来看看在太空中观测天体的好处吧。

◎我们生活在大气层的"底部"

从天体发出的光经过漫长的太空旅行后，最终会穿过地球的大气层，到达我们的眼睛或望远镜。大气一直在运动，其密度也在时刻发生变化，所以从天体发出的光时而乱窜，时而静止不动，时而闪烁不停[①]。本来在夜空中闪耀的恒星距离我们非常远，在地球上看恒星只能看到一个一个点，虽然用望远镜可以将其放大，但用肉眼只能看到它们在闪烁。这是由大气扰动引起的现象。不过一旦离开地球大气层，这种影响就消除了，这就是我们向太空发射望远镜的原因之一。

另一方面，向太空发射望远镜在技术和成本上都有困难。因此近年来可以消除大气影响的"自适应光学"技术得到广泛应用。它的原理是利用传感器捕捉因大气扰动产生的星像抖动，随后改变镜面形状做出修正，使天体成像变得清晰。如果想要观测的天体附近

---

① 人们用视宁度来表示闪烁的程度。

恰好没有星星，也可以使用一种叫作激光导星的技术，即发射一束激光，在望远镜的视野内产生一颗人造导星。日本的昴星团望远镜和美国的凯克望远镜等大多数地面大型望远镜几乎都配备自适应光学系统。

另外，夜空并不是一片漆黑。城市的光污染问题严重，很多天文台都建在远离人烟的山上，就是为了避免受到光污染的影响。

◎用各种光看宇宙

虽说统称为"光"，但其实光有各种各样的类型。

光既有粒子（光子）的特性，又有波（光波）的特性。波有波长，波长是指波在一个震动周期内传播的距离，也就是波峰到波峰、波谷到波谷的长度。

光有各种波长，我们通过颜色来分辨它们之间的差别。波长较长的光呈红色，波长较短的光呈蓝色。我们人眼能看到的波长范围是固定的，为380~770纳米，这个范围内的光被称为可见光。实际上还存在肉眼看不到，比可见光波长更长或更短的光。比可见光波长还长的光是红外线和无线电波，比可见光波长还短的光是紫外线、X射线、γ射线。所有光统称为电磁波。一般情况下，说到光指的都是可见光，但本书会将二者区分使用。

为了能从多个角度了解天体的形态，我们需要使用各种电磁波对其进行观测。即便是同一天体，观测时使用的电磁波的波长不同，看到的天体的模样也会有所差异。还有一些天体和天文现象，只有在某些电磁波下才能观测到。例如温度极低的气体集合——分子云就只能通过无线电波才可以观测到，还有包围着星系的高温气体（光晕）也只能借助X射线才能看到。遗憾的是大多数电磁波都会被大气吸收，几乎不受大气影响的光只有可见光、一部分红外线以及大部分无线电波，而紫外线、X射线和γ射线无法从地面上观测到。因此如果想利用电磁波进行天文观测，就必须将望远镜发射到大气层外，也就是太空。

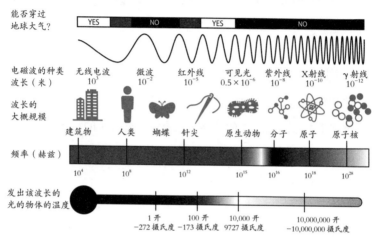

各种各样的电磁波

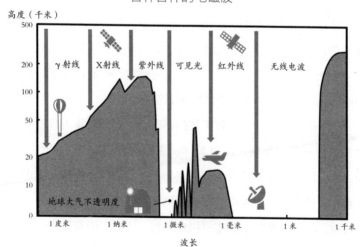

大气的窗口

◎活跃在太空的望远镜

近年来活跃在太空的望远镜除了哈勃太空望远镜之外，还有普朗克太空望远镜（无线电波：欧洲）、斯皮策太空望远镜（红外线：美国）、赫歇尔太空望远镜（红外线：欧洲）、钱德拉太空望远镜（X射线：美国）、费米伽马射线太空望远镜（γ射线：美国等）。日本也在利用红外望远镜"AKARI"和X射线望远镜"朱雀"等太空望远镜进行观测。

我们将几乎不被大气吸收的电磁波的波长范围称为"大气的窗口"，但这些电磁波也并非完全不受大气影响。人们之所以要将天文台设置在海拔较高的山顶上，正是为了尽量避免大气吸收对电磁波观测的影响。

05 不借助电磁波也能进行天文观测吗

> 天体可以释放出各种电磁波，但又不仅仅是电磁波。近年来，人们逐渐开始利用电磁波观测之外的方式进行天文观测。

◎通过基本粒子探索宇宙

构成物质的最小单位是基本粒子。基本粒子有几种类型，其中之一是中微子[①]。中微子几乎不与其他粒子发生反应，具有极高的渗透性。中微子天文学是天体物理学的一个分支，主要通过观测天体释放的中微子来研究天文现象。

中微子是在恒星中心发生氢核聚变后的产物。1964 年，美国物理学家雷蒙德·戴维斯（1914—2006）成功发现从太阳喷射出的中微子，并揭示实际观测到的中微子数量比通过太阳内部理论模型预测的数量要少，这被称为太阳中微子问题。后来人们发现这是由中微子振荡现象引起的，在这种现象中，原来的中微子会变成另一种类型的中微子（比如电子中微子转变为 μ 子中微子）。

大质量恒星末期引起的超新星爆发中也会产生中微子。1987 年 2 月，日本"神冈"探测器观测到位于大麦哲伦云的超新

---

① 中微子有 3 种类型，分别是电子中微子，μ 子中微子和 τ 子中微子。

星1987 A发出的中微子，从而证明了超新星爆发理论模型的正确性。我们一般称该时间段为中微子天文学的开端。

近年来，继日本"神冈"探测器之后，日本"超级神冈"探测器、置于地中海下的"心宿二"中微子望远镜、置于南极冰层下的"IceCube"探测器等都活跃在中微子天文学的最前线。

◎通过"空间扭曲"探索宇宙

具有一定质量的物体会因自身重力使周围发生空间扭曲。当物体运动时，空间扭曲就会波动传递到周围，这叫作引力波。虽然人们已经根据相对论预测到引力波的存在，但其实它的"波动幅度"非常小。太阳和地球的距离是1.5亿千米，而引力波的波动幅度仅为1个氢原子大小。因此要观测到它的存在需要耗费非常多的时间，第一次间接观测到它是在1974年，而第一次直接观测到它是在2015年。

如果不是发生非常激烈的天文现象，人们根本无法观测到引力波。一般来说，超新星爆发、中子星和黑洞的碰撞合并等会导致引力波的产生。除此之外，宇宙刚诞生不久时也曾产生引力波。反过来说，我们可以期待通过对引力波的观测，研究超新星爆发的原理，调查中子星和黑洞的性质，获取仅凭电磁波观测不到的、宇宙刚诞生时的信息，还可以进一步验证相对论的正确性。这便是引力波天文学。

人类首次观测到引力波是在2015年9月14日（发表于2016年2月11日）。探测到的引力波的波形显示，它是质量为太阳36倍和29倍的黑洞相互绕转合并成质量为太阳62倍的黑洞时产生的。这直接证明了引力波是真实存在的，而且黑洞双星也是真实存在的，它们用比现在宇宙年龄更短的时间合并而成。截至2020年7月，人类探测到引力波的次数至少有10次。

现在，人们利用激光干涉仪探测引力波。史上最初检测到引力波的是激光干涉引力波天文台（LIGO），设置于美国华盛顿州和路易斯安那州两地。此外，欧洲"室女座"（Virgo）引力波探测器和日本"神冈"（KAGRA）引力探测器也在运作中，时刻关注着来自外太空的时空波动。

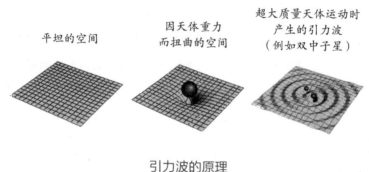

平坦的空间　　　因天体重力　　　超大质量天体运动时
　　　　　　　　而扭曲的空间　　　产生的引力波
　　　　　　　　　　　　　　　　（例如双中子星）

引力波的原理

◎多信使天文学时代的到来

除了中微子和引力波，我们还可以利用来自宇宙空间的高能粒子流——宇宙射线探索宇宙之谜。明确宇宙射线的起源，有助于我们探索超新星爆发和活动星系等宇宙高能现象。

像这样将电磁波、中微子、引力波、宇宙射线等视作携带天文信息的"信使"，利用它们探索天文现象的天文学被称作多信使天文学。

天文学从一开始的肉眼观测到17世纪用望远镜观测，再到20世纪前半期用无线电波观测，经历了漫长的发展过程。20世纪后半期借助红外线、X射线、紫外线、γ射线等手段，人们成功拓展了观测波长的范围，得以从更多的角度获取天体的信息[①]。20世纪初期，人们发现了宇宙射线；20世纪60年代，成功观测到中微子；2015年，首次探测到引力波。2017年8月17日，史上第5次探测到引力波之后，出现了新的爆发现象——千新星。在这一天文现象中，人们观测到了所有波长的电磁波。这些现象是由双中子星合并引起的，还诞生了金、铂等重量超过铁的元素。

可以说，正是因为有了多信使天文学，才诞生了这些成果。

---

① 通过各种电磁波观测天体的天文学被称为多波段天文学。

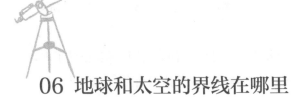

06 地球和太空的界线在哪里

> 我们头顶是天空（大气层），外面是广阔的太空。那么大气层到哪里为止？太空又从哪里开始？

◎地球大气的结构

根据气温的变化方式，从靠近地表的位置开始，大气层可分为对流层、平流层、中间层、热层和外逸层。各层之间的分界线称为层顶，并以下层的名称命名，比如对流层和平流层的分界线是对流层顶，其高度随着纬度和季节的变化而变化。另外请注意，下文中提及的数据均为大概数字。

对流层是距离地表最近的一层，高度每上升 1 千米，温度（气温）就下降 6.5 摄氏度。如其名所示，该层内的大气（空气）会产生大量的对流现象。90% 的大气都在对流层内，形成云、降雨等天气现象也几乎全部发生在对流层内。对流层顶的高度为 15 千米。

平流层与对流层相反，高度上升，气温也会随之上升，这是因为平流层中的臭氧吸收了来自太阳的紫外线导致温度升高。臭氧浓度最高的区域被称为臭氧层，高度为 25 千米处浓度最高。平流层顶的高度为 50 千米。

到了中间层，温度又再次随着高度上升而下降。该层会出现夜光云①现象，且分布有构成大气的分子和原子电离而成的电离层。中间层顶的高度为 80 千米。

热层的温度会随高度上升而升高，这是因为热层中的氮和氧吸收了来自太阳的紫外线。在这一层内，我们可以看到极光和流星。热层顶的高度在 500 ~ 1000 千米之间。

外逸层是大气的最外层，与太空相连。高度达到了 10,000 千米。大气层和太空之间没有明确的界限，构成大气的分子会从外逸层流动到太空内。

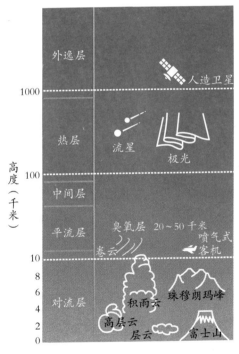

地球大气的结构

———————

① 出现在地球的最上空，主要成分是冰的云。

◎从哪里开始是太空

大气层与太空紧密相连，为了定义太空飞行活动，则必须明确"从哪里开始属于太空"。国际上普遍认可国际航空联合会定义的大气层和太空的界限，高度为 100 千米，并根据提案者的名字将其命名为卡门线。如果以东京站为起点，直线距离 100 千米处就是静冈县的三岛站和枥木县的宇都宫站附近。考虑到东京站到名古屋站的直线距离为 268 千米，从这点来看，可以说太空可能距离我们非常近。

另外，地球的半径为 6400 千米，100 千米的高度还不到地球半径的 1.5%。假如地球是直径 1 米的球，那大气的厚度甚至不到 1 厘米。我们呼吸的空气 90% 都来自对流层，而对流层的厚度是 15 千米，仅为地球半径的 0.2%，对直径 1 米的地球来说，对流层的厚度还不到 1 毫米。我们就是在这种超薄的大气帷幔下生活的。

◎飞出地球

无论我们距离太空多近，要抵抗地心引力飞到太空也不是件容易的事。为了飞到太空，我们必须具备相当快的速度，这就类似于我们扔球的速度越快，球就会飞得越远。如果以 7.9 千米/秒[①]将球扔出（忽略空气阻力），那么扔出的球就不会落地而是绕地球运动。换算一下大概是 20,800 千米/时，相当于从东京到大阪只需要 1 分钟的时间。高度越高，速度越慢。在高度 400 千米处飞行的国际空间站的速度为 7.7 千米/秒（大约每 90 分钟绕地球一周）。

---

① 该速度被称为第一宇宙速度。

但是以第一宇宙速度飞行只能在地球周围环绕，无法到达月球或火星等行星。要想挣脱地心引力的束缚飞入太阳系行星际空间，速度则必须达到 11.2 千米/秒[①]。

实现太空飞行的运载工具是火箭。火箭通过燃烧燃料，高速喷射气体产生反向推动力来飞行。燃烧燃料需要氧气，火箭预先装载了氧气（氧化剂）并将其与燃料混合，这样即便在太空中，也可以通过燃烧燃料来完成持续飞行。

火箭分为固体燃料火箭和液体燃料火箭。前者结构简单，可以

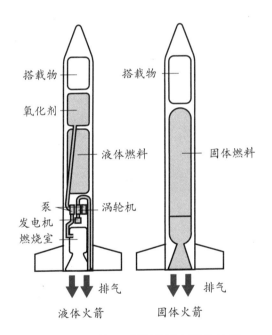

搭载物

氧化剂

液体燃料

泵 涡轮机
发电机
燃烧室

固体燃料

排气

液体火箭

搭载物

排气

固体火箭

液体燃料火箭和固体燃料火箭的结构

① 该速度被称为第二宇宙速度。除此之外还有第三宇宙速度，具备第三宇宙速度即可挣脱太阳引力的束缚飞出太阳系。

长时间储存燃料，但很难精准控制；后者结构复杂，但易于精准控制和再点火。

　　日本在开发固体燃料火箭方面历史更为悠久，日本发射第一颗人造卫星"大隅"时使用的"L-4S"火箭就属于固体燃料火箭。截至 2020 年 7 月，日本同时拥有液体燃料火箭"H-IIA"和固体燃料火箭"埃普西隆"两种火箭，这两种火箭的用途不同。

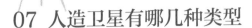

07 人造卫星有哪几种类型

> 现在有许多人造卫星正在绕地飞行，为我们的生活带来诸多便利。虽然人们将其统称为人造卫星，但实际上人造卫星有很多种，下面就让我来为大家介绍人造卫星的各种类型吧。

◎根据用途划分

大多数人造卫星都是基于某种用途被发射到太空的，根据它们各自存在的目的，就能了解人造卫星是如何在各个领域发挥作用的。

首先是与我们日常生活息息相关的人造卫星，有用于地上远距离通信的通信卫星（包含广播卫星），为飞机和船舶测定正确位置的导航卫星，可以从太空观测云层状态的气象卫星等。在日本，广播卫星有日本天空完美日星公司正在使用的"日本通信卫星"（JCSAT）等，日本居民观赏电影或球赛时可能靠的就是这颗卫星。导航卫星则被应用于美国GPS领域的汽车导航系统和手机定位系统。日本已建成"准天顶"卫星系统（QZSS），并于2018年开始运行。日本气象卫星中比较著名的是"向日葵"，每天通过天气预报向我们展示日本周边的云层影像。

除此之外，还有用于对地球资源与环境进行遥感的地球观测卫星。日本的地球观测卫星主要用于绘制地图和了解地上灾情，检测二氧化碳和甲烷等温室气体的动向，还用于观测降水量、积雪量、水蒸气含量、云、总悬浮微粒等。

为获取最新空间技术而存在的试验卫星也很重要。太空是极为特殊的环境，无论在地表做多少实验都会有不足之处，此时就需要向太空发射卫星来确认各种情况，这些卫星就是技术试验卫星。日本近年来比较有代表性的技术试验卫星有用于测试使用激光进行卫星间通信是否可行的"光学轨道间通信工程试验卫星"（OICETS），还有用于尝试更多卫星通信技术的"工程试验卫星–7"（ETS-VII）等。

军事卫星指的是用于各种军事目的的人造卫星。侦察卫星是军事卫星中的代表，有能拍摄高分辨率地表影像的光学卫星和利用雷达获取表面情况的雷达卫星。

另外还有从太空观测天体的天文卫星和代替人眼观测遥远天体的探测器。近年来，日本小行星探测器"隼鸟2号"已经成为人们热议的对象。

最后要介绍的是空间站。空间站是人类可以搭乘的人造卫星。一直以来都是美国、俄罗斯和中国独立开发运用空间站，现在日本、美国、欧洲共同研发的国际空间站也已投入使用。

◎根据轨道划分

人造卫星受地心引力束缚，只能绕地球运行，无法自由活动。人造卫星的飞行路线被称为轨道。根据运行轨道，也可以对人造卫星进行分类。这里我将向大家介绍几种比较有代表性的轨道。

虽说距离地表的高度越高，人造卫星的飞行速度就越慢，但在赤道上空高度 3.6 万千米的轨道上运行的人造卫星的公转周期为 24 小时，从地表看，该人造卫星就像是静止不动的，这样的轨

道被称为地球同步轨道，在同步轨道上运行的人造卫星则被称为同
步卫星。负责拍摄日本周边云层状况的气象卫星"向日葵"和广播
卫星等就位于地球同步轨道。

　　要想全面地观测地表情况，选择经过北极和南极上空的极轨
道更合适。特别是太阳同步轨道上运行的卫星每次都能在同一当
地时间经过观测区域的上空，这样就能保证在太阳光照射到地表
的角度相同的条件下进行观测。

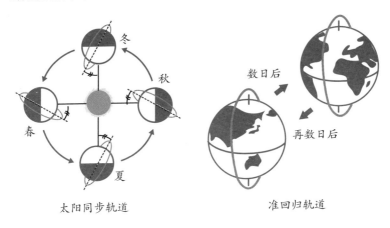

太阳同步轨道　　　　　准回归轨道

太阳同步轨道和准回归轨道

◎太空垃圾问题

　　人造卫星不能永久利用，因为它几乎不能修理和补充燃料，所
以在出现故障或燃料不足时就迎来了寿命的终结。问题是，如果放
任这些寿命走到尽头的人造卫星不管，地球的周围就会充满垃圾。
无法继续使用的人造卫星加上用于发射卫星的火箭本体及其部件，

统称为太空垃圾①。为了不让人造卫星变成太空垃圾，我们只有两种办法：一是将使用后的人造卫星坠入地球大气层，二是将其投放到更高的轨道（坟场轨道）。在较高处运行的人造卫星会因与大气的摩擦而逐渐下落，最后自动落入地球大气层。大型人造卫星的碎片可能会在落到地面时伤害地表生物，所以采用这一处理方式一定要提前设置好降落地点，使其落入海洋。坟场轨道位于比同步轨道还高 200~300 千米的高空，同步卫星一般就被废弃于坟场轨道。

近年来，太空垃圾的数量明显增长。仅 10 厘米以上的垃圾就超过了 2 万个，其中大部分都可以从地面监测到，因此在感觉快要与人造卫星相撞时能够采取回避行动，但对于不足 10 厘米的太空垃圾，仅仅是清点它们的数量就已经非常困难。

现在人们正致力于研发某种技术来回收太空垃圾，但至今没有找到可以实际应用的方法。为了今后人类能轻松地登上太空，太空垃圾问题必须得到解决。

---

① 还包括宇航员进行作业时遗落的工具或物品。

08 从太空看地球的"第一人"是谁

当然，人类登上太空并非一件易事。让我们一起回顾人类向宇宙发起挑战的辉煌历史吧。

◎太空竞赛的开端

我们目前尚不清楚火箭的历史从何时开始。在中国，远在宋代就有被称作"火箭"的兵器。但是人类第一次将火箭看作到达太空的工具是在 20 世纪初期。1903 年，苏联物理学家齐奥尔科夫斯基（1857—1935）用公式证明人类可以借助火箭到达太空。1926 年，美国火箭科学家戈达德（1882—1945）首次进行液体燃料火箭的发射实验。之后在战争的推动下，德国的火箭技术开发持续推进。首次到达太空的火箭是德国发射的"V2"，遗憾的是，它只是一枚弹道导弹。战争结束后，德国的火箭技术被开发者带到了美国和苏联，并得到了进一步改良。终于在 1957 年 10 月 4 日，苏联成功发射世界上第一颗人造卫星"斯普特尼克 1 号"。"斯普特尼克 1 号"大约每 96 分钟绕地球一周，每隔0.3 秒汇报一次卫星内部的温度状况。

"斯普特尼克 1 号"的成功发射给美国带来了巨大的冲击。想在美苏关系中占据军事主导地位的美国感受到了危机，于是在 1958 年 1 月 31 日发射了美国首颗人造卫星"探险者 1 号"，由此正式拉开了以美苏两国为中心的太空竞赛的序幕。

◎ "地球是蓝色的"

之后的太空竞赛也在苏联的主导下推进着。1959 年 1 月，"月球 1 号"首次挣脱地心引力的束缚成为人造行星；同年 9 月，"月球 2 号"成为首颗到达（撞击）月球表面的人造卫星。当然，美国也没有认输。1959 年 2 月，美国首次将人造卫星投放到极轨道；同年 8 月，美国第一次利用人造卫星成功拍摄到地球的影像。

到了 1961 年 4 月 12 日，人类终于成功飞上了太空。首位被选中的人类宇航员是苏联的加加林（1934—1968）。加加林乘坐"东方 1 号"宇宙飞船绕地球一周，历时 108 分钟，安全返回地球。传言加加林在太空俯瞰地球时曾感慨"地球是蓝色的"，但是实际上他并没有这样直接表达，而是以宇航员的身份冷静地观察过地球的外观后做出了客观的报告，而后人们将其意译成这句话而已。

◎ 人类登上了月球

为了与在载人航天领域占据优势地位的苏联争夺太空竞赛的头把交椅，美国提出了人类史上首个登月计划——"阿波罗"计划，即在 20 世纪 60 年代将人类送上月球并平安返回地球的计划。为此美国投入了大量的预算，且随着火箭和宇宙飞船的发展，美国为获取登陆月球所需的技术实施了"水星"计划和"双子星座"计划等载人航天计划。当时还是苏联更具优势：1963 年，世界首位女性宇航员捷列什科娃（1937—）完成太空飞行；1964 年，首次实现多人同时进行太空飞行（"上升号"宇宙飞船）；1965 年，完成人类首次舱外活动（太空漫步）①。但很快美国开始了反攻：只晚于苏联 3 个月，美国就实现了首次舱外活动（"双子星座 4 号"宇宙飞船）；同年，"双子星座 6A 号"和"双子星座 7 号"载人宇宙飞船首次交会飞行成功；1966 年，"双子星座 8 号"完成人类首次在外太空与无人卫星的空间对接（首次载人宇宙飞船间的空间对接由"联盟 4 号"和"联盟 5 号"于 1969 年完成）。1968 年，"阿波罗 8 号"载人宇宙飞船成功绕月飞行且平安返回地球，标志着美国的航天事业追上了苏联。乘坐"阿波罗 8 号"的 3 人成为从太空看到整个地球的"第一人"。另外，他们还首次目睹了地球升起，当时拍摄的照片被认为是"史上最具影响力的照片"。之后美国的航天事业顺利发展，1969 年 7 月 21 日，"阿波罗 11 号"登陆月球，两名宇航员②站上了月球表面。如此一来，赌上国家威信的太空竞赛也以美国的胜利而告终。

◎从对立到合作

"阿波罗"计划一直到 17 号才宣告结束，之后美国将重点转向行星探测计划，从载人宇宙飞行计划转向可重复利用的宇宙飞船——航天飞机的开发。另一边，苏联利用无人登月探测器完成了月球岩石的采样，还有行星探测活动，苏联的空间站计划也在顺利进展中。苏联在 1971 年发射了世界首个空间站，之后开始了后继者"和平号"的建设。不局限于苏联，"和平号"在 15 年间对来自世界各国的 100 多位宇航员进行了访问。

---

① 进行舱外活动的是阿列克谢·阿尔希波维奇·列昂诺夫（1934—2019）。
② 尼尔·奥尔登·阿姆斯特朗（1930—2012）和巴兹·奥尔德林（1930—）。

从"阿波罗"计划终止之时起，美苏两国开始在空间开发领域相互让步。1975 年，美国和苏联的宇宙飞船首次在地球轨道上完成了对接，两国宇航员互换了国旗并进行了聚餐。之后"和平号"与航天飞机完成了数次对接。在这个时代下，空间开发推进了国际合作。1998 年，美国、俄罗斯、加拿大、欧洲、日本开始共同建设国际空间站。它于 2011 年建成，至今已接待了 19 个国家的宇航员。太空也迎来了国际化的时代。

"阿波罗 8 号"的宇航员拍摄到的"地球升起"景象

09 在太空生活是什么感觉

开始建设国际空间站以来，就有人常住太空了。一直生活在太空的宇航员们每天都过着什么样的生活？

◎国际空间站的生活

国际空间站是人类目前为止建设的最大载人空间平台，包含太阳能电池在内的尺寸为 110 米×73 米，相当于一个足球场那么大。空间站内有用于实验和进行研究工作的"实验舱"，也有作为生活场所的"居住舱"，内部环境与地球上的大气环境几乎相同，宇航员不穿宇航服也能正常生活。目前，国际空间站一般有 6 名宇航员同时驻留（每半年替换 3 人）。

宇航员在国际空间站中的生活遵循协调世界时[①]（作息表见第 262 页），在微重力空间内进行体能训练是为了防止肌肉和骨骼变弱。宇航员每周有 2 天休息时间（星期六和星期日），每半年有 4 天假期，可以从各国的节假日中选择（自己国家之外的节日也可以）。

国际空间站内的食物是将肉或鱼、蔬菜或汤、饮料等以 16 天为单位按种类包装，每位宇航员可以在各包装中选择自己喜欢的食

---

① 与中国的时差是 9 小时。

物。补给飞船刚到时，宇航员还可以吃到新鲜的水果和蔬菜，但基本是以蒸馏食物、冻干食品、罐头食品为主。虽然国际空间站的食物主要是美国和俄罗斯开发的航天食品，但宇航员也可以带自己国家的食物[①]，但是不能饮酒，当然也不可以吸烟。

在国际空间站中生活的宇航员的生活作息表

早饭	洗漱	与地面确认的时间	作业	午饭	作业	体能训练	晚饭	自由时间
1小时	0.5小时	2小时		1.5小时		2.5小时	1小时	1小时

水在微重力下无法流动，因此宇航员无法用流水洗脸或淋浴。想要洗澡，只能用带清洁成分的毛巾擦拭身体，头发也只能用免洗洗发水清洁后再用毛巾擦干净。卫生间跟我们日常使用的类似，宇航员可以把身体固定住，不会浮起来，另外会有像吸尘器一样的设备将排泄物吸走。

在自由时间内，宇航员可以选择读书、听音乐，看电影等，也可以和家人发信息，最近还有宇航员从太空发送SNS消息到地球。

当然，最重要的还是工作，宇航员除了利用微重力、高真空的宇宙空间进行特定的科学实验和研究之外，还要完成国际空间站的维护和检修、机械臂训练和舱外活动等。

---

① 日本的航天食品有烤鸡肉串、味噌汤、羊羹、蔬菜糯米饭、拉面等。

◎日本的宇航员们

截至 2020 年 7 月，已经有 12 名日本宇航员登上太空。这个数量继美国、苏联之后可以排在世界第 3 位①。最初登上太空的日本人是 1990 年时任TBS记者的秋山丰宽，他搭乘苏联的"联盟号"在空间站"和平号"停留了 9 天。

第一次登上太空的日本职业宇航员是毛利卫，1992 年，他搭乘美国"奋进号"航天飞机在太空进行各种科学实验。1994 年，向井千秋搭乘"哥伦比亚号"航天飞机登上太空，是当时在太空停留时间最久（16 天）的女性宇航员。1996 年，搭乘"奋进号"航天飞机的若田光一，是第一位操作航天飞机机械臂的日本任务专家。若田光一在 2000 年、2009 年以及 2013 年也进行了太空飞行活动，截至 2020 年 7 月，他是登上太空的次数最多的日本人。另外，他也是第一个参与国际空间站安装工作的日本人，还完成了第一次在国际空间站的长期停留。2014 年 3 月，他成为国际空间站首位日本籍船长。1997 年，土井隆雄搭乘"哥伦比亚号"航天飞机，他是第一个完成舱外活动的日本宇航员。2005 年和 2009 年野口聪一、2008 年和 2012 年星出彰彦、2010 年山崎直子、2011 年古川聪、2015 年油井龟美也、2016 年大西卓哉、2017 年金井宣茂也分别进行了太空飞行活动。2010 年，历史上第一次有 2 名日本宇航员进驻国际空间站②。

① 日本人的太空停留时间也是继美国和苏联之后的世界第 3 位。
② 野口聪一和山崎直子。

◎谁都可以去太空的时代

那么谁都可以轻易去太空的时代什么时候到来呢？世界上首位自费去太空旅行的人是美国的丹尼斯·蒂托。他搭乘"联盟者号"宇宙飞船到达国际空间站，停留8天后返回地球，花费约2000万美元（1.35亿人民币）。之后又有5位非专业人士（都是企业家）搭乘"联盟者号"访问了国际空间站。在蒂托之前，已经有秋山丰宽等非专业人士去过太空了。

由美国缩尺复合体公司（Scaled Composites）开发的"太空船一号"是第一艘实现载人航天的民用航天器，它于2004年6月21日完成首次太空飞行。这次飞行属于弹道飞行，而不是绕地飞行，微重力状态只持续了3分钟左右。这种弹道飞行可能是最容易实现的太空旅行了。美国的维珍银河公司从2005年开始销售太空旅行计划，世界上已经有数百人申请了这一项目，旅行费用大约为25万美元（约168万人民币）。另外，探访国际空间站的太空旅游计划似乎也能实现。2019年4月，NASA发表消息称，2020年之后，国际空间站将接受民间太空旅游者到访。2019年12月，有报道称，乘坐俄罗斯"联盟者号"宇宙飞船访问国际空间站的太空旅行计划将再次启动。前者费用为5200万美元（约3.5亿人民币），后者费用为25.7亿卢布（约3亿人民币）。遗憾的是，目前太空旅行的费用都太过高昂，可能之后随着技术的发展和飞行次数的累积，费用会降下来。不管怎么说，谁都可以去太空的时代确实在慢慢向我们靠近了。

10 最初登上太空的生物是什么

> 进行太空旅行的生物可不仅仅是人类。实际上出于各种实验目的，迄今为止我们已经将很多生物送上了太空。

◎登上太空的生物

空间开发刚开始不久的时候，人们还不清楚宇宙空间特殊的微重力环境会对人体造成何种程度的影响。因此人类在自己进入太空之前，已经将其他各种生物投放到太空中，并观察它们的存活状况。

最初送到太空的生物是果蝇和植物（黑麦和棉花）的种子。时间大约是在加加林登上太空的 14 年前，也就是 1947 年。美国利用"V2"火箭将它们发射到 110 千米的高空后又将它们平安收回。最初搭乘宇宙飞船绕地球飞行的生物是 1957 年搭乘"斯普特尼克 2 号"（苏联）的母狗莱卡。当时还没有开发出能让宇宙飞船脱离地球轨道后安全返回的技术，因此莱卡的太空旅行是有去无回的单程旅行。当时的计划是将莱卡送入太空 7 天后将其毒杀，但实际上因为紧张和中暑，莱卡在被投放后的几小时内就已经死亡了。首次绕地飞行后平安返回的生物是 1960 年搭乘"斯普特尼克 5 号"（苏联）的 2 条狗①、1 只兔子、2 只老鼠，还有

———————————

① 名字是贝尔卡和斯特尔卡。

265

一些植物和菌类。1968年，"探测器5号"（苏联）携陆龟和苍蝇先人类一步实现了绕月飞行，并平安返回了地球。

20世纪60年代后半期，为了研究宇宙环境对生物生存，也就是生理学方面的影响，人们开始将各种生物送上太空。例如1973年美国空间站进行了一系列试验，看蜘蛛在微重力下是否也会织网筑巢；1979年发射的"Bion 5"（苏联）首次将哺乳类动物（老鼠）投放到太空，并进行繁殖实验（实验失败）。

日本也通过航天飞机和国际空间站进行各种生物实验。1994年，向井千秋在航天飞机内成功进行了青鳉鱼的交配、产卵和孵化实验。这是人类首次在太空完成脊椎动物的交配、产卵和孵化实验。

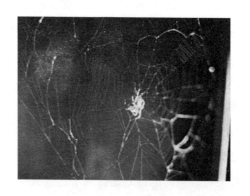

蜘蛛在微重力下也可以织网筑巢

◎太空农业

人们不仅将动物送上了太空，还将植物送上了太空。人们在太空进行各种植物的萌芽实验和成长实验。结果是，只要具备一定的环境条件，植物在太空中也会萌芽、成长、开花、结果。也就是说，只要花费一定的精力，完全有可能在太空舱内栽培植物。那么为什么一定要在太空舱内栽培植物呢？

首先是为了实现太空飞船在食物方面的自给自足。例如，国际空间站的食物全靠地上补给，这在绕地飞行时是可能的，那如果人类要去火星或者更远的地方呢？比起依靠搭载的食物，还是在太空舱内自给自足更让人安心吧，在火星和月球建设基地也是这个道理。

其次，在太空舱内栽培植物有助于维持舱内环境。宇宙飞船是封闭空间，即便什么都不做，人类呼吸还是会消耗一定的氧气，并呼出一定量的二氧化碳。氧气需要通过电解水获取，二氧化碳需要特定装置吸收。但如果舱内有植物，植物就会自主进行光合作用，吸收二氧化碳转换为氧气。

最后，在舱内栽培植物还会对人类产生积极的心理影响。众所周知，植物可以有效缓解人的紧张情绪。在国际空间站中，宇航员只有在补给刚到的一段时间内才可以吃到新鲜蔬果，但有了舱内植物，就能随时吃到新鲜果蔬，对宇航员来说，有助于维持健康、减轻压力。

迄今为止，国际空间站已经进行了水菜和莴苣的栽培实验。2015 年，油井龟美也收获并试吃了国际空间站栽培的莴苣。2018 年，为了在太空进行番茄的栽培实验，人们还特意发射了一颗人造卫星。在遥远的将来，说不定我们也能去月球旅行，吃一份用月球蔬菜做成的沙拉。

◎在太空捕获生物

到目前为止，我们介绍了地球生物去太空，还有在太空繁殖或栽培地球生物，最后我们来介绍一下在太空捕获生物。此时你可能会认为我在说胡话，但我是认真的。

地球是充满生命的行星，那么最初的生命是在哪里诞生的呢？有一种说法是，构成生命材料的物质从太空而来，它们与地球的某处发生化学反应，从而形成了生命；还有一种说法是，生命本来就来自太空①。人们在地球的高层大气中发现了细菌，因此有人认为地球上的生物可能会因某种契机飞到太空中，落到其他天体上。因此日本的研究团队在距离地球极近的宇宙空间内采集尘埃，研究这些尘埃内是否存在有机物，或是否含有来自地球的微生物，这被称作"蒲公英"计划。"蒲公英"计划在国际空间站的日本实验舱"希望号"的舱外进行，日本团队在舱外设置收纳装置，利用气溶胶收集飘浮在宇宙空间内的微粒。另外，人们还进行着在宇宙空间放置微生物的实验，目前已经完成了气溶胶装置的回收，后面将继续采集微粒并对其进行分析。

---

① 胚种论。

11 人类向太空发送了多少个空间探测器

空间探测器代替人类的眼睛和手，帮助我们对天体进行详细的调查。它们一直活跃在探索宇宙的道路上，收获的成果显著，在此我简要介绍其中的一部分。

◎ **探测方法**

空间探测器有很多种类，这里我们从探测器的轨道入手，按照探测方法对其进行分类。

首先是飞掠探测器。这种探测器可以在飞掠天体时拍摄天体照片并获取数据，虽然技术简单，但无法对天体进行全面调查，也无法持续观测。

与飞掠探测器一样技术简单的是撞击探测器。它的工作方式正如它的名字描述的那样，需要撞击天体表面，然后连续拍摄受到撞击的天体的状态。另外还有一种探测器，可以实现部分（或全部）与天体发生撞击，人为制造陨石坑。

目前使用最广泛的探测器是轨道探测器。它的工作原理是按照一定周期持续绕天体运行，这样就能详细观测天体。虽然技术上有难度，但可以对一个天体进行长达数十年的观测。

与轨道探测器类似的探测器是交会探测器，即探测器要和观测的天体交会，利用天体的自转对其进行全面观测①。

技术难度更高的探测器是软着陆探测器，这种探测器需要在被观测的天体上着陆。除了可以直接接触天体表面之外，还能采集天体表面的岩石和土壤进行实验，也可以深入挖掘天体表面，探索地下结构。但这种方式只能对天体表面的一个点进行深入探查。

为了弥补这一缺点，我们还需要向天体发射可移动探测器（探测车）。能够在天体表面自由移动的探测车虽然无法与轨道探测器相比，但可以在很广的范围内移动和探索。

发射探测器有极其严格的重量限制，无法搭载巨大的分析装置。如果能将目标天体的样本带回地球，我们就可以使用大型分析装置对其进行分析，并将样本保管，随着分析技术的不断改进，还可以再次对其进行分析研究。从目标天体采集样本带回地球的探测器被称为采样返回探测器。探测器若想返回地球，则必须挣脱天体的引力束缚并再次飞向太空，然后才能安全进入地球大气层，这需要极高的技术。因此，对于重力较小的天体，实现样本返回更容易，目前为止我们已经在月球、小行星和彗星上取得了成功。

其实最有效的探测方式还是人力探测。相比无人探测器，经过训练的科学家会得到更多信息②。

---

① 日本的小行星探测器"隼鸟号"和"隼鸟2号"都采用了这种探测方式。
② 当然这种探测方式具有一定的危险性，比起无人探测更需要提高安全性，但人力探测是值得的。

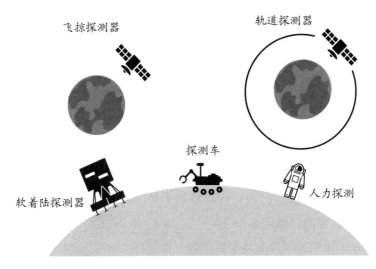

飞掠探测器

轨道探测器

探测车

软着陆探测器

人力探测

各种探测方式

◎ **探测我们身边的天体——月球、火星、水星**

空间探测器的历史从最靠近地球的天体——月球开始。最早对月球发射的飞掠探测器是 1959 年发射的"月球 1 号",同年"月球 2 号"进行月面撞击,"月球 3 号"成功拍摄到月球背面,"月球 9 号"首次成功在月球表面着陆,"月球 10 号"完成首次绕月飞行（1966 年）。另外,"月球 16 号"在 1970 年完成了月球样本采集。"月球"系列收获了无数的成果。近年来中国探月工程的成果显著,2013 年,继美国和俄罗斯之后,"嫦娥 3 号"首次实现月面软着陆;2019 年,"嫦娥 4 号"首次实现月球背面的软着陆。

从 20 世纪 60 年代后期到 70 年代,苏联特别关注对金星的探索,向金星发射了探测器。1967 年,"金星 4 号"首次突破金星大气,成功向地球发送了信息。1970 年,苏联首次实现金星表面软着陆。近年来,欧洲的"金星快车"（2006 年）、日本的"拂晓号"

（2010 年）都已成功发射，主要用于观测金星大气。

太阳系的八大行星中，人们发射探测器最多的就是火星[①]。截至 2020 年 7 月，成功发射到火星的探测器有 25 个，有 7 个还在持续探查中。1997 年，首个火星探测车"火星探路者"成功着陆。从那之后，探测车逐渐大型化，"勇气号""机遇号""好奇号"等目前正在探索火星的道路上积极前进。

在太阳系最内侧公转的行星——水星距离地球并不遥远，但目前人类只发射过两台探测器到水星[②]。最初对水星进行探测的飞掠探测器是"水手 10 号"（1973 年），之后"信使号"在 2011 年完成了首次绕水星探测。目前日本和欧洲共同推进的"贝比科隆博"水星探测计划已经向水星发射了两个探测器（预计 2025 年到达水星）。

◎探测太阳系的尽头——巨大行星、海外天体

进入 20 世纪 70 年代，人们终于实现了对比火星距离还远的远距离行星的探测。由于到达木星和土星需要一定的时间，所以人们为单个探测器设计了可观测多个天体的轨道，而且一般会选定时机进行发射。1973 年发射的"先驱者 10 号"是首个木星探测器，第二年发射的"先驱者 11 号"是首个土星探测器。值得一提的是，1979 年发射的"旅行者 1 号"和"旅行者 2 号"，二者都对木星和土星进行探测，"旅行者 2 号"甚至首次接近了天王星和海王星。这两个探测器至今还在运作中，持续地为我们发送

———————————

① 因为火星存在生命的可能性极高，火星探测对地外生命的探索具有极大意义。
② 距离太阳近，质量小，因此难以探测。

太阳系边缘的信息。1997 年，美国和欧洲共同发射的"卡西尼－惠更斯号"已经持续 14 年为我们发送土星的信息。2005 年，我们成功向土卫六投放了"惠更斯号"。

2015 年，美国"新视野号"探测器抵达曾经是行星的冥王星，进行了一次飞掠。该探测器也在 2019 年成功飞掠海外天体"天空"（Arrokoth）。

◎探测小天体——小行星、彗星

人们不仅积极探测行星，对太阳系小天体（小行星和彗星）的探测也没有松懈。

首次对小行星进行探测的飞掠探测器是美国的木星探测器"伽利略号"。该探测器在向木星前进的途中拍摄到了小行星 951（951 Gaspra）和艾女星，艾女星是人们发现的首个带有卫星的小行星。

探访彗星的探测器也有很多，1986 年，各国为了观测时隔 76 年再次接近地球的哈雷彗星，相继发出了彗星探测器以接近哈雷彗星，这一景象被称为"哈雷舰队"。苏联的"织女星 1 号"打头阵，日本的"彗星号"和欧洲的"乔托号"等 6 个探测器对哈雷彗星展开了全方位调查，最终首次成功观测到哈雷彗星的彗核。

后记

《3 小时读懂你身边的天文》这本书怎么样呢？

我在一家带有天文馆的博物馆担任策展人，基于来访者的提问总结出了这本书。

如果本书能为你解决哪怕一个有关宇宙的疑惑，作为作者的我都会非常高兴。我在创作这本书时没有采用公式，而是尽量选择用通俗易懂的文字来讲述。如果还是有难以理解的地方，请一定要原谅我表达能力的不足。

天文学、宇宙学的世界广袤而深邃，而且星辰、宇宙和万物都有关联，本书不可能涵盖所有内容，但还是希望大家读完后会对天文学产生兴趣，甚至进一步阅读更多的天文学书籍，或者亲自去天文馆看一看，再或者抬头真正地观赏一次夜空。

天文学的发展可谓日新月异，往往一个新发现就会颠覆全人类对宇宙的理解。本书尽量引入最新的天文学知识，但是也许很多内容很快就会过时，请大家见谅，也烦请大家一定要去了解一下最新的信息。

现在是天文学数千年历史中最振奋人心的时代。近 30 年来，系外行星的发现、引力波的发现、黑洞"阴影"的成功拍摄等振奋人心的大事一件接一件。空间探测器成功挣脱太阳系的束缚，接近冥王星，并带回了彗星和小行星的土壤样本。现在我们还能以极高的精度探测宇宙的年龄，了解到我们身边的物质仅占宇宙的 5%。希望大家能以本书为契机，去体会在这个高速发展的时代与天文学相遇的乐趣和自豪。

最后，我要对本书的编辑田中裕也先生表达由衷的感谢。感谢他对迟迟交不出书稿的我报以极大的耐心。本书最终能以这样的形式呈现给大家也是全靠田中先生的帮助，谢谢。另外，感谢马上千优先生能在创建本书主题时以同行的视角提供建议。还有，感谢在无数个夜晚默默支持我执笔而书的妻子萌。谢谢大家。

那么，让我们在宇宙的某处再见吧。

塚田健

2020 年 8 月